BIBLIOTHÈQUE DES MER[VEILLES]

LA
POUDRE A CANON

ET

LES NOUVEAUX CORPS EXPLOSIFS

PAR

MAXIME HÉLÈNE

OUVRAGE ILLUSTRÉ DE 14 VIGNETTES

PAR J. FÉRAT

PARIS

LIBRAIRIE HACHETTE ET Cⁱᵉ

79, BOULEVARD SAINT-GERMAIN, 79

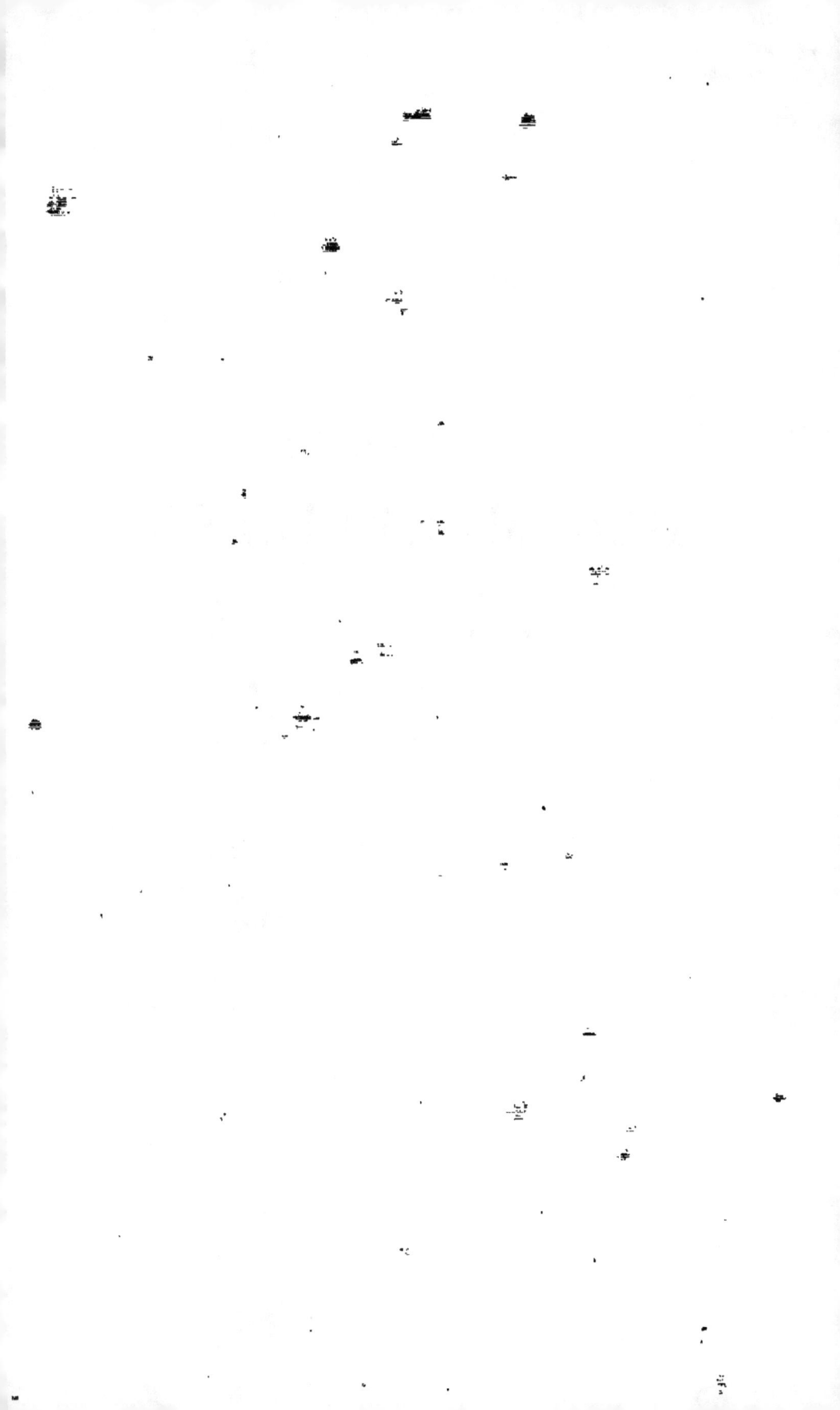

BIBLIOTHÈQUE
DES MERVEILLES

PUBLIÉE SOUS LA DIRECTION

DE M. ÉDOUARD CHARTON

———

LA POUDRE A CANON

ET

LES NOUVEAUX CORPS EXPLOSIFS

OUVRAGE DU MÊME AUTEUR

PUBLIÉ PAR LA LIBRAIRIE HACHETTE ET Cᶦᵉ

———

Les galeries souterraines. 2ᵉ édition. 1 volume illustré de 66 vignettes par J. Férat et B. Bonnafoux. Br. 2 fr. 25 c., cart. 3 fr. 50 c.

Typographie Lahure, rue de Fleurus, 9, à Paris.

BIBLIOTHÈQUE DES MERVEILLES

LA
POUDRE A CANON

ET

LES NOUVEAUX CORPS EXPLOSIFS

PAR

MAXIME HÉLÈNE

OUVRAGE ILLUSTRÉ DE 44 VIGNETTES

PAR J. FÉRAT

PARIS

LIBRAIRIE HACHETTE ET CIE

79, BOULEVARD SAINT—GERMAIN, 79

1878

A MON PÈRE

A MA MÈRE

HOMMAGE DE RESPECTUEUSE TENDRESSE

PRÉFACE

—

Au premier rang des merveilleuses découvertes
que nous a léguées l'antiquité, découvertes dont il
nous est parfois impossible de démêler les véritables
origines, se place la poudre, ou plutôt le mélange
fulminant et incendiaire perfectionné par la
science moderne, l'ancêtre de la redoutable substance explosive que les sanglants exploits de la
guerre et les conquêtes plus pacifiques de l'industrie nous ont appris à connaître.

Relisons, feuillet par feuillet, l'histoire des
luttes qui marquent, comme d'un sceau fratricide,
chacun des siècles de notre ère, depuis le siége
de Constantinople par les Arabes, et auparavant
peut-être, jusqu'aux combats plus grandioses et
plus *perfectionnés* qui se livrent sous nos yeux,

nous retrouverons partout, sinon l'usage de la poudre elle-même, du moins celui de substances dans lesquelles entraient les éléments du corps explosif.

Déjà, les poëtes anciens, Ammien Marcellin, Athénée, font mention d'un « feu qui s'allume de lui-même ». Ils nous montrent Médée ceignant le front de sa rivale d'un diadème qui prendra feu dès que la beauté, vouée à la mort par une haine jalouse, s'approchera de l'autel. La légende du *feu grégeois* a bercé notre enfance, mêlée à ces attachants récits des croisades, qui tenaient en suspens notre imagination naïve, éveillée par ce brillant spectacle des guerriers bardés de fer, des casques, des lances et des oriflammes, des chevaux richement caparaçonnés qui se cabrent sous l'éclair du terrible feu.

Du feu grégeois à la poudre à canon, de la flamme qui lèche les armures, enlaçant chaque combattant dans une sorte de torche vivante, à la poudre qui éclate et au projectile qui fauche tout sur son passage, il n'y avait qu'un pas, et nous nous sommes habitués à le franchir bien vite, sautant brusquement par-dessus les essais si variés qui ont conduit à la découverte de la poudre moderne, à ce mélange ternaire de salpêtre, soufre et charbon, à la fois l'âme de la guerre et l'auxiliaire docile de l'homme dans les œuvres pacifiques qu'il entreprend.

Mais voici qu'une autre série de composés, plus terribles encore, vient envahir le domaine des explosifs. Le fulmicoton, la nitroglycérine, la dynamite occupent désormais une large place dans les applications si nombreuses réservées autrefois à la poudre. A chacune de ces substances nouvelles, nous avons assigné une place spéciale dans notre volume, que nous avons divisé en quatre livres dont nous donnons ci-dessous un résumé succinct.

Notre premier livre est spécialement consacré à la *Poudre à Canon*. Il résume son histoire depuis les temps les plus reculés, étudie séparément les propriétés et la fabrication des trois corps composants, salpêtre, soufre et charbon ; expose les procédés les plus usuels de fabrication des poudres de guerre, de mine ou de chasse ; signale les essais auxquels donnent lieu ces produits, et passe en revue les composés divers qui ont été proposés pour remplacer les poudres à base de salpêtre, et dont le plus important est la poudre à base de chlorate de potasse.

Avec le second livre, nous abordons l'étude des *Nouveaux Corps Explosifs*, issus des recherches de la chimie moderne, les picrates, fulminates, le coton-poudre, la nitroglycérine, la dynamite. Inapplicables au service des armes, que leurs propriétés brisantes détérioreraient vite ou feraient même éclater brusquement, l'industrie a accaparé leur pouvoir destructeur, et, à ce titre, la dynamite, plus encore que ses congénères, a véritablement détrôné la poudre noire.

Côte à côte avec la description des explosifs eux-mêmes, et comme une justification de leur puissance, nous avons voulu faire l'histoire de leurs applications les plus grandioses et les plus récentes. Notre troisième livre, *la Guerre et la Paix*, est consacré à cette étude.

Ce sont d'abord, dans le domaine de l'artillerie, inséparable de la poudre, ces monstrueuses pièces, telles que le roi-canon anglais — *the King-Gun* — de l'*Inflexible*, le canon de cent tonnes du *Duilio* italien, les canons du *Pierre-le-Grand* et des *popoffkas* russes, qui garnissent les tourelles puissamment blindées des monitors, et dont les essais aux arsenaux de Woolwich et de la Spezzia ont éveillé à un si haut point l'attention du monde militaire.

Les événements d'Orient nous commandaient de ne point omettre l'application la plus sanglante qui ait été faite du pouvoir destructeur des nouveaux explosifs. Nous voulons parler des *Torpilles*, à quelque classe qu'elles appartiennent, qu'elles reposent, silencieuses, sous la surface des flots, ou qu'elles marchent droit à l'ennemi, portées sur des bateaux-torpilles analogues aux canots russes qui détruisirent dans les eaux du Danube les monitors turcs *Hifse-Rahman* et *Seïfi*.

Sous ce titre, *la Guerre de campagne*, nous avons écrit un chapitre consacré, comme les deux précédents, à l'art militaire. Les nouveaux explosifs, la dynamite surtout, jouent un rôle considérable dans la guerre nouvelle. Destruction des ponts en pierre ou en fer, comme celle du pont de Kehl au début des hostilités en 1870, sautage des ouvrages d'art, viaducs, tunnels, etc., mise hors de service des voies ferrées, rupture des rails, destruction du matériel roulant, locomotives, wagons, etc., la lutte franco-allemande nous fournit des exemples nombreux de ces hauts faits d'un nouveau genre, auxquels nous condamnent les nécessités impérieuses de la guerre.

En regard de ces exploits sanglants, nous avons relaté les *Victoires pacifiques*, les œuvres de civilisation et de paix, telles que le creusement par la poudre et la dynamite des grands souterrains transalpins du Mont-Cenis et du Saint-Gothard, la destruction des récifs de Hell-Gate qui encombraient l'entrée du port de New-York.

Une courte description des *Feux d'artifice* et la

nomenclature des feux colorés les plus usuels
complètent ce troisième livre.

La *Fête nationale du Salpêtre de l'An II* (1794),
le récit de la *Conspiration anglaise des Poudres*,
et le rappel de quelques explosions célèbres, dans
lesquelles chacun de nos corps détonants, poudre,
picrates, fulmicoton, nitroglycérine, dynamite, possède sa lugubre page, forment le quatrième et
dernier livre.

Nous avons enfin jugé utile de reproduire en appendice deux pièces curieuses, dont l'une, fort rare,
est la préface du livre de Monge, alors membre de
la Commission nommée par le Comité de salut public de l'an II pour l'instruction des élèves de l'École
du Salpêtre, sur l'*Art de fabriquer les Canons*. La
deuxième pièce est le rapport, présenté au ministre
des travaux publics par le Comité de défense, institué pendant le siége de 1870, sur la recherche du
salpêtre.

Puissions-nous, dans cette brève étude, avoir atteint le but que nous nous sommes proposé, l'exposition claire et intéressante à la fois de l'histoire
des corps détonants, dont l'existence est si intimement liée à la vie des peuples. Ce petit livre peut, à
notre avis, être doublement utile. S'il est en effet
intéressant pour le lecteur de connaître les procédés ingénieux au moyen desquels les explosifs

sont appelés à jouer, dans le domaine pacifique, le rôle merveilleux que nous avons signalé, il peut, à un moment donné, être plus indispensable encore de ne point ignorer le parti que l'on peut tirer de la puissance redoutable de composés tels que la poudre, le fulmicoton ou la dynamite.

Les luttes sanglantes sont malheureusement loin d'être terminées, et, malgré les souhaits ardents que nous pouvons faire en faveur du développement des idées humanitaires, les haines nationales vivront encore de longs jours. Longtemps nos différends se videront sur les champs de bataille; longtemps le dernier mot de la discussion sera dit par le canon, ou, pour parler avec plus de justesse, par la poudre à canon.

Dura lex, sed lex.

M. H.

Novembre 1877.

LA
POUDRE A CANON

ET LES

NOUVEAUX CORPS EXPLOSIFS

LIVRE PREMIER

LA POUDRE A CANON

CHAPITRE PREMIER

HISTOIRE DE LA POUDRE A CANON

§ 1. — La Légende et l'Histoire.

Une obscurité profonde enveloppe la plupart des grandes découvertes qui ont accompli dans l'humanité plus qu'un progrès, une révolution, une transformation. L'antiquité avait imaginé à cet égard une explication fort simple et surtout fort ingénieuse. Dans l'impossibilité de déterminer à quelles époques telle

invention s'était produite, à quels hommes on en était
redevable, on coupait court à toutes difficultés en faisant intervenir les divinités. Cérès avait enseigné aux
hommes les premiers principes de l'agriculture et
donné à Triptolème le modèle de la charrue. Jupiter
s'était laissé ravir par Prométhée le feu céleste. Bac-
chus parcourait l'univers en enivrant les humains. Les
Indiens, paraît-il, n'ont point failli à cette tradition
vénérable, et ils attribuent à un autre Vulcain, à Vis-
vocarma, la découverte de la poudre à canon et des
armes à feu. Certes, dans notre siècle de lumières, le
lecteur le plus bénévole se contenterait à grand'peine
d'une explication si naïve. Et pourtant, la vérité n'en
eût pas beaucoup plus souffert que de tant de contes
forgés et répétés par un si grand nombre d'historiens
plus ou moins graves.

L'apparition de la poudre à canon en Europe, ses
premières applications, sont d'une date relativement récente, et cependant il est à peu près impossible d'en
dégager la véritable origine. C'est que jusqu'ici, en
l'absence d'instruction, la plupart des hommes ré-
pugnent à la méthode scientifique, à l'observation im-
partiale des faits ; ils se complaisent davantage dans le
merveilleux. A défaut de dieux, il leur faut un grand
homme, et c'est pour cela que Roger Bacon a passé si
longtemps pour l'inventeur de la poudre. A défaut
d'un grand homme, on invoquera un héros inconnu,
ou la force aveugle du hasard.

Outre ce défaut de méthode, une grave cause d'er-
reur provient de je ne sais quel amour-propre national,
de puéril patriotisme qui s'efforce « per fas et nefas »
à rattacher toute grande découverte au sol qui nous a
vu naître. Ainsi, nous avons sous les yeux un ouvrage
d'écrivains allemands, d'ailleurs compétents et autori-
sés, qui n'hésitent pas à attribuer exclusivement à

l'Allemagne l'honneur de la découverte de la poudre à
canon, par la raison que, si dans d'autres pays, en
Chine, en Grèce, en Arabie, on a connu certains mélanges et certaines combinaisons de soufre, de charbon
et de salpêtre, ces mélanges n'étaient pas identiques
à ceux connus aujourd'hui, et qu'on n'en faisait pas
un identique usage.

Il est visible qu'une semblable méthode est extrêmement vicieuse. La condition essentielle d'une loyale
investigation, quand il s'agit de découvrir l'origine
d'une grande invention, est d'en analyser les éléments
et d'en suivre les transformations et les développe-
ments à travers le travail et la lente élaboration des
siècles. Il est fort rare, pour ne pas dire sans exemple,
qu'une invention éclate dans le monde spontanément,
sans précédents. *Natura non fecit saltum* (la nature ne
marche point par bonds). Ceci est vrai de la formation
des choses dans la nature, comme de l'appropriation
des forces de la nature par le génie de l'homme.

Si donc nous voulons rechercher les origines de la
poudre à canon, nous ne considérerons pas la poudre
telle qu'elle est aujourd'hui ; mais après en avoir analysé les éléments essentiels, salpêtre, soufre et charbon,
nous examinerons à quelles époques et par quelles sé-
ries de tentatives on a pu arriver à combiner ces éléments essentiels.

§ 2. — Les feux de guerre dans l'antiquité.

Dès la plus haute antiquité, on a fait usage, à la
guerre, de feux et de matières incendiaires. Dans les
siéges, on jetait de la poix et de l'huile bouillante sur
les assiégeants. On connaissait également les effets du
naphte, puisque Médée, dit la légende, brûla sa rivale

à l'aide d'une couronne enduite de naphte, qui prit feu en s'approchant de l'autel.

Ammïen Marcellin rapporte que dans les armées de l'empereur Julien, on se servait de flèches creuses assujetties avec des fils de fer et remplies de matières inflammables.

Bien plus, on a prétendu que les Romains connaissaient quelque chose d'analogue à nos feux d'artifice, ce qu'on a inféré de quelques vers de Claudien [1].

Athénée fait mention d'un célèbre prestidigitateur nommé Xénophon, qui savait préparer la matière d'un feu s'allumant de lui-même. Jules l'Africain donne la composition de ce feu :

« Prenez, dit-il, parties égales de soufre natif, de salpêtre, de pyrite kerdonnienne (sulfure d'antimoine), broyez ces substances dans un mortier noir au milieu du jour; ajoutez-y parties égales de soufre, de suc de sycomore noir et d'asphalte liquide, puis vous mélangez le tout de manière à obtenir une masse pâteuse; enfin vous y ajoutez une petite quantité de chaux vive. Remuez la masse avec précautions, en prenant soin de vous garantir le visage avec un masque, et enfermez le mélange dans des boîtes d'airain, en les conservant à l'abri du soleil. »

---

[1] Mobile ponderibus descendat pegma reductis
Inque chori speciem spargentes ardua flammas
Scena rotet; varios effingat mulciber orbes
Per tabulas impune vagus, pignæque citato
Sudent igne trabes, et non permissa morari
Fida per innocuas errent incendia turres.
(De Fl. Mallii Theodosi compulata.)

§ 3. — La poudre à canon chez les Chinois. — Première
[apparition du salpêtre.

Nul doute que ces mêmes matières inflammables
n'aient été employées chez les Orientaux, et même perfectionnées par eux. La sécheresse et la chaleur du
climat de l'Asie rendaient ces engins d'une utilité in-
contestable pour l'attaque et pour la défense.

Mais on ne peut signaler un progrès véritable et décisif, quant au problème qui nous occupe, que lorsque,
dans ces mélanges incendiaires, s'introduisit un nouvel
élément, le salpêtre.

Le salpêtre, dont nous décrirons les propriétés principales et la fabrication dans le chapitre suivant, est
très-commun en Orient. On le trouve à la surface du
sol, ou on le recueille dans des grottes. Il est surtout
répandu en Chine et dans les Indes, où il se forme à la
surface du sol. Il suffit de recueillir les terres impré-
gnées d'efflorescences salines pour en retirer le salpêtre
par un simple lessivage à l'eau.

Dès lors, rien de surprenant que les Orientaux aient
été les premiers à avoir connaissance du salpêtre et à
en faire emploi.

Il est de plus très-probable qu'on ne fut pas longtemps sans observer la propriété dont jouit le salpêtre
de fuser sur des charbons incandescents, c'est-à-dire
de les faire brûler avec un très-vif éclat, et d'activer la
combustion avec une grande énergie. De là surgit très-
naturellement l'idée de le mêler avec les autres matières inflammables.

Il est avéré, de plus, que les Chinois mélangèrent le
salpêtre dans diverses proportions avec le soufre et le
charbon, ce qui suffit pour établir à leur égard une
certaine priorité dans l'invention de la poudre.

. On n'oserait plus cependant prétendre aujourd'hui que les Chinois ont été dès le onzième siècle en possession de machines de guerre analogues à nos armes à feu. On avait cru d'abord trouver trace de véritables canons ayant servi dans un siège de la ville de Kai-Foung-Fu, plus tard Piang-King. Mais il a fallu reconnaître qu'on avait singulièrement exagéré le sens du mot *ho-pao*, qui ne signifie rien autre chose que « machine à lancer du feu ».

Ce qui paraît beaucoup plus certain, c'est que, l'an 969 de notre ère, on présenta au prince Tai-Tsou une composition qui allumait les flèches et les portait au loin.

Assurément, ce n'était encore là qu'une machine de guerre rudimentaire, analogue à celle dont se servaient les Romains, et dont parle Vegetius. Mais, au lieu de soufre, de poix et d'étoupes, les Chinois employaient le soufre, le salpêtre et le charbon. Ils obtenaient ainsi une sorte de fusée de guerre qu'ils attachaient à leurs flèches. De cette façon, ils décuplaient la vitesse du trait, qui ne pouvait s'éteindre par cette rapidité même.

C'est à cela, croyons-nous, qu'il convient de borner l'emploi de la poudre chez les Chinois en fait d'instruments de guerre. Le P. Amyot donne une longue énumération des préparations incendiaires en usage chez les Chinois, telles que les flèches de feu, les nids d'abeilles, le tonnerre de la terre, le feu dévorant, le tuyau de feu, etc.... Il s'agit là plutôt de compositions pour feux d'artifice.

§ 4. — Le feu grégeois ou la poudre à canon chez les Grecs du Bas-Empire.

De Chine, le secret de la nouvelle composition incendiaire passa d'abord chez les Grecs. Ce fut en 674, pendant le siége de Constantinople par les Arabes, sous la conduite du calife Mouraïra, que Callinicus, architecte syrien, fit connaître à l'empereur Constantin les propriétés et le mode d'emploi du nouvel engin, qui fut désigné sous le nom de feu grégeois.

C'était une tradition que Callinicus tenait des Chinois le secret de cette composition, et cela n'a rien d'invraisemblable quand on songe aux relations commerciales qui unissaient depuis plusieurs siècles l'Empire grec et l'Empire de l'Extrême-Orient. De plus, il est à remarquer que les Arabes empruntèrent de même, quelques siècles plus tard, ce secret aux Chinois, ainsi que le témoignent les épithètes ordinaires du salpêtre, sel de Chine, grêle de Chine, etc.

Quoi qu'il en soit de l'origine, la date de l'importation est constante, et non moins constante est l'utilité grande qu'elle eut pour les Byzantins, et qui leur permit d'éloigner pendant plus de huit siècles de leurs murs l'invasion arabe.

Le feu grégeois recevait diverses dénominations, feu maritime, feu liquide, feu artificiel, feu romain, feu grec, feu mède. Constantin Porphyrogénète le définit « le feu liquide qui se lance au moyen de tubes ».

Quelle était exactement la composition du feu grégeois? Constantin en avait mis la préparation au rang des secrets d'État. On l'entourait de craintes superstitieuses. Un des grands de l'Empire, gagné, disait-on, par de magnifiques présents, avait voulu communiquer aux étrangers la recette du feu sacré, mais en entrant dans la sainte église du Sauveur, une flamme divine l'avait entouré et dévoré.

La préparation du feu grégeois était confiée à un seul ingénieur, qui ne devait jamais sortir de Constantinople. Sa fabrication était exclusivement réservée à la famille et aux descendants de Callinicus.

Anne de Comène donne ainsi la composition du feu grégeois : « Poix et séve inconsumable de certains arbres verts. On broie le mélange avec du soufre et on l'entasse dans de petits tuyaux en roseaux. » M. Ludovic Lalanne, qui a écrit une très-belle étude sur le *Feu grégeois et l'introduction de la Poudre à canon en Europe*, pense que cette recette est à dessein faussement donnée dans le but de détourner et de faire dévier les recherches.

Dans le fait, le secret fut longtemps fidèlement gardé, et l'on pense généralement qu'il ne se répandit en Europe qu'après la prise de Constantinople par les Latins, en 1204.

Les ingrédients principaux qui entraient dans la composition du feu grégeois étaient le naphte, le soufre, le goudron, la résine, l'huile, les graisses, les sucs desséchés de certaines plantes, le charbon, enfin toutes les substances grasses ou résineuses d'une combustibilité excessive.

Le salpêtre devait aussi jouer son rôle dans ces combinaisons. Ceci, bien que contesté, nous paraît vraisemblable, si nous considérons que le feu grégeois était importé de l'Extrême-Orient, où le salpêtre entrait dans beaucoup de mélanges, que le feu grégeois était incontestablement supérieur à tous les feux connus, et notamment à ceux employés par les Arabes jusqu'au treizième siècle, et enfin si nous en croyons le témoignage de Marcus Græcus.

De ce Marcus Græcus, on ne connaît rien, si ce n'est qu'il a laissé un petit livre latin des plus intéressants en ce qui concerne l'histoire des origines de la poudre. Ce livre a pour titre : *Liber ignium ad comburendos hostes*, « livre des feux pour brûler les ennemis ». A quelle époque fut-il composé? Les uns le faisaient remonter au huitième ou neuvième siècle; la plupart admettent aujourd'hui que l'apparition de ce livre se place dans la première moitié du treizième siècle.

On jugera de l'intérêt de ce petit ouvrage par quelques citations. Marcus Græcus donne ainsi la recette pour la préparation du salpêtre :

« Le salpêtre est un minerai terreux qui se trouve dans les vieux murs et dans les pierres. Pour l'en retirer, on dissout ces pierres dans l'eau bouillante ; on l'épure en la faisant passer sur un filtre. Si on laisse déposer la liqueur pendant un jour et une nuit, on trouve au fond du vase le sel cristallisé en lamelles pointues. »

L'auteur donne ailleurs la composition de ce que nous nommons aujourd'hui fusée et pétard :

« La seconde préparation du feu volant, « volatilis ignis », se fait ainsi. Prenez une livre de soufre vif, deux livres de charbon de tilleul ou de saule, six livres de salpêtre, et broyez les trois substances le plus fin possible dans un mortier de marbre. Vous mettez ensuite ce qu'il vous conviendra de cette poussière dans une enveloppe à voler, « tunica ad volandum », ou dans une à faire tonner, « tunica ad tonitruum faciens ».

« L'enveloppe à voler doit être longue et mince ; on la remplit de la poudre ci-dessus décrite très-tassée. L'enveloppe à faire tonnerre doit être courte, grosse, renforcée de toutes parts d'un fil de fer très-fort et bien attaché. On ne la remplit qu'à moitié de la poudre susdite.

« Il faut à chaque enveloppe pratiquer une petite ouverture pour recevoir l'amorce qui y mettra le feu. L'enveloppe de cette amorce, amincie à ses extrémités et large au milieu, est remplie de la poudre susdite. »

Il est impossible de donner une description plus simple et plus fidèle. Il est donc à peu près certain que, dès la fin du douzième siècle, on connaissait la poudre à base de salpêtre, et qu'on savait en faire soit des fusées propres à servir à la guerre, soit des mélanges incendiaires pour les brûlots.

Les Grecs du Bas-Empire employaient le feu grégeois surtout dans les siéges et dans les combats maritimes. Dans les siéges, on élevait des tours, ou encore on dressait des machines à frondes qui servaient à lancer le feu. Pour les luttes sur mer, on disposait des sortes de brûlots qui s'approchaient des navires et les incendiaient.

La *tactique* de l'empereur Léon indique ainsi les divers modes d'emploi :

« Parmi les moyens de combattre, est le feu d'artifice qui se lance au moyen de tubes et qui, précédé de tonnerre et de fumée, embrase les vaisseaux. — On doit toujours, suivant la coutume, avoir à la proue des vaisseaux un tube revêtu d'airain pour lancer aux ennemis le feu d'artifice. — Des deux derniers rameurs qui sont à la proue, l'un doit être le *syphonator*. — On se sert encore de ce feu d'une autre manière au moyen de petits tubes qui se lancent avec la main, et que les soldats placent derrière leurs boucliers. Ces petits tubes sont appelés *cheirosyphona*; ils devront être remplis de feu d'artifice, et jetés au visage des ennemis. — Nous recommandons aussi de lancer aux ennemis des pots pleins de feu d'artifice, qui, en se brisant, enflammeront aussi leurs navires. »

Nous trouvons dans Marcus Græcus la recette d'un de ces brûlots maritimes :

« Prenez de la sandaraque pour une livre, du sel ammoniaque même quantité, faites de tout cela une pâte que vous chaufferez dans un vase de terre verni et lutté soigneusement; vous continuerez à chauffer jusqu'à ce que la matière ait acquis la consistance du beurre. Après cela, vous y ajouterez quatre livres de poix liquide. On évite à cause du danger de faire cette préparation à l'intérieur d'une maison.

« Si l'on veut opérer sur mer, on prendra une outre en peau de chèvre, dans laquelle on mettra deux livres de la composition que nous venons de décrire, dans le cas où l'ennemi est à proximité. Dans le cas où l'ennemi est à une grande distance, on en mettra davantage. On attache ensuite cette outre à une branche de fer, dont toute la partie inférieure est elle-même enduite d'une matière huileuse; enfin, on place sous cette outre une planche de bois proportionnée à l'épaisseur de la branche, et on y met le feu sur le rivage. L'huile s'allume, découle sur la planche, et l'appareil, marchant sur les eaux, met en combustion tout ce qu'il rencontre. »

Ces brûlots, comme les tubes, ne devaient avoir qu'une bien faible portée, et être la plupart du temps contrariés par le vent. Mais pour donner une idée de l'importance de cet engin dans la guerre maritime, il suffira de rappeler, d'après une chronique anonyme, que le nombre des navires armés de feu grégeois s'éleva jusqu'à deux mille, dans une expédition entreprise sous Romain le Jeune contre les Sarrasins de l'île de Crète.

§ 5. — Le feu grégeois chez les Arabes. — La première époque de l'artillerie.

Après les Grecs du Bas-Empire, c'est chez les Arabes que nous trouvons les mélanges incendiaires et la poudre à base de salpêtre.

Vers les douzième et treizième siècles, les Arabes connaissaient déjà le feu grégeois. En avaient-ils eu connaissance par quelque Grec fugitif, ou bien même

le secret leur avait-il été dévoilé par l'empereur
Alexis III, alors que, détrôné, il s'était réfugié à la cour
du sultan d'Iconicem? Il est plus que probable qu'ils
tinrent directement le secret des Chinois. Dès le septième .siècle, en effet, des relations suivies s'étaient
établies entre les deux peuples, et les Chinois avaient
envoyé, au premier siècle de l'hégire, une ambassade
à la Mecque. Nous avons d'ailleurs raconté plus haut
comment les synonymes du salpêtre étaient chez les
Arabes, neige de Chine, grêle de Chine, etc.

· Ce qui n'est pas douteux, c'est que, dès le treizième
siècle, les Arabes surent employer le salpêtre avec succès dans leurs mélanges incendiaires. Le manuscrit
d'Hassan Alrammat, qui date à peu près de cette
époque, donne ainsi la manière de fabriquer le salpêtre :

« Prends le baroud (salpêtre) blanc nettoyé et deux
poêles. Dans une de ces poêles, tu mettras le baroud
que tu submergeras d'eau; tu allumeras dessous un feu
doux, jusqu'à ce que l'eau s'éclaircisse et que l'écume
surnage. Jette cette écume et allume un bon feu, de
manière à ce que l'eau se clarifie entièrement. L'eau
clarifiée sera versée alors dans l'autre poêle, avant que
rien de la partie pesante ne soit descendu. Allume encore un feu doux jusqu'à ce que la matière se soit coa-
gulée; alors enlève-la.

« Prends ensuite du bois de saule sec que tu feras
brûler, et que tu submergeras pendant qu'il sera em-
brasé. Sépare deux parties en ·poids de baroud et
une partie de cendres de charbon; tu en feras un mélange que tu mettras dans les deux poêles. Si tu peux
avoir des poêles de cuivre, cela vaudra mieux. Tu ver-
seras l'eau et tu remueras de manière à ce que cela ne
prenne pas ensemble. »

Comme dernière recommandation, le vieil alchimiste

arabe ajoute : « Prends surtout garde aux étincelles
de feu. »

Les Arabes formaient ainsi divers feux, qu'ils appelaient *volants*, exprimant ainsi la propriété qu'ils pos-
sédaient de se mouvoir en brûlant. Chose remarquable,
dans deux de ses compositions, dénommées *rayons de
soleil*, les proportions se rapprochent singulièrement
de celles de notre poudre à canon.

Ces feux étaient employés à mille usages divers pendant la guerre. Tantôt ils étaient lancés directement à
la main, sous forme de pots ou de balles de verre. Tantôt ils étaient attachés à l'extrémité de bâtons dont on
frappait l'adversaire, ou lancés au moyen de tubes
qui, comme les lances de guerre, dirigeaient leurs
feux sur l'ennemi. Ils étaient encore attachés aux lances
et enfin projetés à de grandes distances par les arbalètes à tour et les machines à fronde.

Les Grecs du Bas-Empire avaient surtout appliqué les
feux grégeois à la guerre maritime; les Sarrasins en
firent un plus grand usage dans les combats sur terre.
Les chrétiens tout particulièrement eurent beaucoup à
en souffrir.

A cette occasion, nous croyons utile de réduire à leur
juste valeur les effets que pouvaient produire les feux
grégeois, effets exagérés et dénaturés par tant d'historiens qui se sont plu à représenter le feu grégeois
comme irrésistible, inextinguible, et susceptible de
dévorer des bataillons entiers. Et cependant, il suffirait
de lire les récits naïfs, mais véridiques, des chroni-
queurs du temps, pour rétablir la stricte vérité. Voici
par exemple ce que rapporte Joinville, dans son *Histoire
du roy saint Louis:*

« Un soir advint que les Turcs amenèrent un engin
qu'ils appeloient la pierrière, un terrible engin à
malfaire, et par lequel ils nous jetoient le feu grégeois.

Cette première fois, ils atteignent nos tours de bois; mais incontinent le feu fut éteint par un homme qui avoit cette mission. La manière du feu grégeois étoit telle, qu'il venoit devant nous aussi gros qu'un tonneau, avec une queue d'une grande longueur. Il faisoit tel bruit, qu'il sembloit que ce fût foudre qui tomboit du ciel, et comme un grand dragon volant dans l'air avec une traînée lumineuse. »

Joinville rapporte ailleurs que Guillaume de Brou reçoit un pot de feu grégeois sur son bouclier, que Guy Malvoisin en est tout couvert, et que saint Louis a la culière de son cheval tout incendiée. En somme, il résulte de ces récits, que le feu grégeois contribuait à jeter la terreur parmi les ennemis, mais que, admirablement propre à incendier les tours, les palissades, les navires, il était sans grand effet sur les combattants eux-mêmes. Ce qui fortifie encore dans cette conviction de l'innocuité relative du feu grégeois, c'est que l'art militaire de cette époque continuait à se servir des projectiles les plus grossiers, en usage de toute antiquité, et qui eussent certainement été abandonnés, si le feu grégeois avait véritablement possédé ce merveilleux don de détruire que la renommée lui accorde.

Quant à la faculté que posséderait le feu grégeois de ne pouvoir s'éteindre dans l'eau, elle est tout aussi peu fondée. Cinname raconte que les Grecs, poursuivant des navires vénitiens, ne purent les brûler, parce que ces derniers avaient recouvert leurs navires d'étoffes de laine imbibées de vinaigre, et que le feu, étant lancé de loin, s'éteignait en tombant dans l'eau.

Mais les Arabes ne s'en tinrent pas à l'emploi du feu grégeois et des compositions incendiaires, et firent plus. Ils furent les premiers à observer et à appliquer les effets de la poudre salpêtrée, à utiliser sa force de projection. Pendant longtemps, on avait connu et uti-

lisé seulement les effets fusants de la poudre, parce
que le salpêtre préparé était impur, c'est-à-dire mélangé de sels étrangers peu combustibles. La combustion, au lieu de se faire brusquement sur toute la
masse, ne se faisait que lentement, de place en place ;
mais, dès qu'on sut préparer le salpêtre pur, on éprouva
aussitôt les effets de l'explosion.

A quelle époque fit-on pour la première fois usage
de la poudre à canon pour lancer les projectiles ? il est
difficile de le déterminer d'une façon précise. D'après
des textes arabes, il résulterait que le sultan du Maroc,
Abou-Yousouf, faisant le siége de Sidjilmesa, l'an 672
de l'hégire (1275 de notre ère), abattit un pan de mu-
raille à l'aide d'une pierre lancée par une *medjanie*.

Les mêmes textes arabes donnent la description d'une
madfoa, instrument d'une faible portée, fort imparfait,
et qui consistait en un tube de bois ou de fer, qu'on
remplissait au tiers de poudre, et qu'on chargeait avec
une flèche ou un petit projectile.

Nous voici déjà en présence des armes à feu, fort
rudimentaires en vérité. Avant de signaler leurs perfectionnements, terminons-en avec le feu grégeois et les
origines de la poudre dans les pays de l'Europe occidentale.

§ 6. — Le feu grégeois chez les peuples de l'Europe occidentale,
aux quatorzième, quinzième et seizième siècles.

Le feu grégeois fut connu en Occident, au moins peu
après la prise de Constantinople par les Latins, en
1204. Mais bien que ce feu et les autres compositions
incendiaires analogues ne fussent plus le secret exclusif des Grecs, il est remarquable qu'ils furent longtemps encore les seuls à s'en servir. A cet effet, les
superstitions se joignirent à l'esprit chevaleresque pour

enrayer la marche et les progrès des nouveaux engins de guerre. La superstition y voyait une invention de l'esprit des ténèbres, le courage chevaleresque un moyen honteux et lâche de combattre.

Néanmoins, il fut incontestablement employé, et quoi qu'on ait dit, le secret ne fut jamais perdu. On suit ses traces au siége de Romorantin, au siége de Pise, au siége de Constantinople, en 1453. Notons, comme curieux souvenir historique, que dans cette dernière circonstance, la vieille cité orientale fut défendue par un Allemand nommé Jean, très-habile dans la fabrication des artifices de guerre.

Enfin, pour n'en citer qu'un dernier exemple, Hanzelet le Lorrain, dans sa *Pyrotechnie*, publiée en 1630, donne la composition des feux brûlant dessus et dessous l'eau :

« Dans un sac de toile forte, on a laissé une ouverture pour mettre le pouce. On met une livre de poudre, une livre de soufre, trois livres de salpêtre, une once et demie de camphre, une once d'argent vif réduit en poudre avec le camphre et le soufre, le tout mêlé en pâte avec de l'huile de pétrole, puis on ferme. On couvre de résine, de poix fondue, de térébenthine. Au moment de jeter la balle, on perce dans le sac, très-fortement serré, un trou qui va jusqu'au centre, et qu'on emplit de poudre. On y met le feu et on le jette à l'eau. Il brûle dans l'eau et sur l'eau assez longtemps. »

§ 7. — La poudre à canon proprement dite. — Roger Bacon et Berthold Schwartz.

Nous arrivons enfin à l'époque où la poudre à canon va faire en Europe un progrès décisif, révolutionner l'art de la guerre, et, par suite, exercer une si grande

influence sur les relations internationales et les destinées des peuples.

Jusqu'ici, on n'est point encore parvenu à dissiper
tous les nuages qui enveloppent l'origine et les premiè-

Roger Bacon.

res applications de la poudre, mais tout au moins la
lumière se fait peu à peu et bien des erreurs se sont
déjà évanouies.

Ainsi, on ne saurait plus aujourd'hui compter Roger
Bacon comme l'inventeur de la poudre à canon. Il n'est

2

pas douteux qu'il n'en ait connu les éléments, le procédé de fabrication, qu'il n'en ait prévu jusqu'à un certain point l'usage et la puissance. Mais il est non moins évident qu'il en parle comme d'une chose connue de son temps et jusqu'à un certain degré devenue vulgaire.

C'est ce qui résulte des passages si souvent cités de ses deux ouvrages *De Operibus secretis artis et naturæ* et *Opus majus.*

« Prenez du salpêtre, *here vapo vir con utri* (anagramme de charbon), et du soufre, et de cette manière vous produirez le tonnerre, si vous savez vous y prendre.

« Une petite quantité de matière préparée de la grosseur du pouce fait un bruit horrible et un éclair violent. Cela se produit de beaucoup de manières par lesquelles une ville ou une armée peut être détruite.

« D'ailleurs on répète en petit l'expérience *dans tous les pays du monde* où l'on emploie dans les jeux des fusées et des pétards. »

Il en est de même d'Albert le Grand, contemporain de Bacon, à qui on attribuait également la découverte de la poudre, et qui n'a fait que reproduire textuellement les passages cités plus haut de Marcus Græcus.

La conclusion, c'est qu'il est puéril d'attribuer à telle ou telle personnalité le bénéfice de cette découverte. Il sera plus juste d'en faire honneur aux multiples efforts de ces infatigables chercheurs du moyen âge, les alchimistes.

Dès qu'ils connurent les procédés des Grecs du Bas-Empire et les premiers essais des Arabes, ils se préoccupèrent d'imiter, de s'approprier, de perfectionner ce terrible engin, et ils y réussirent.

Nous trouvons trace de ces courageux travaux dans un livre de *Canonnerie et artifices de feux,* imprimé à

Paris, en 1561, sans nom d'auteur, chez Vincent Serte-
nas, et ayant un chapitre intitulé : *Petit traité contenant divers artifices de feux très-utiles pour la canonnerie, et recueillis d'après un vieil livre écrit à la main
et nouvellement mis en lumière.*

On y peut suivre les nombreux procédés pour préparer le salpêtre, afin qu'il fût aussi pur que possible,
les cent combinaisons différentes du mélange de salpêtre, soufre et charbon. On y trouve également la description d'une arme à feu analogue à la *medfaa* dont
nous parlions plus haut, avec cette différence que la
charge de poudre est des 3/5 au lieu du tiers.

Nous y trouvons encore une recette qui nous peut
faire comprendre comment et en quoi le hasard a pu
aider à manifester les qualités explosives de la poudre
à canon. Voici cette recette « pour faire grosses poul-
dres pour gros bastons » :

« Prenez salpêtre 100 livres, soufre 25 livres, charbon 25 livres, et mettez le tout ensemble, et faites bien
bouillir jusqu'à ce que tout soit pris ensemble, et vous
aurez grasse pouldre. »

Or, il suffisait que le vase fût fermé par un couvercle
ou une pierre, et, sans étincelle, la chaleur du feu pouvait projeter le couvercle à une grande distance.

Le moine allemand Berthold Schwartz, qui vivait dans
la première moitié du quatorzième siècle, fut longtemps
regardé comme le promoteur de la poudre à canon. Si
l'on en croit la légende, un jour qu'il avait laissé dans
son laboratoire, au fond d'un mortier recouvert d'une
pierre, le mélange ternaire de salpêtre, soufre et charbon, une étincelle, tombée par hasard, enflamma le
mélange qui fit explosion, et laissa le moine sous le coup
d'une terreur indescriptible. Revenu de sa stupeur,
Schwartz aurait reconnu la propriété balistique de la
poudre.

On ne connaît du reste rien de précis sur la vie et les découvertes de Schwartz. On a, il est vrai, retrouvé un règlement des monnaies, tant de France qu'étrangères, dans lequel il est dit : « Le 17 mai 1554, le dit Sire Roy étant acertené de l'invention de faire artillerie trouvée en Allemagne par un nommé Berthold Schwartz, ordonne aux généraux de monnaies faire diligence d'entendre quelles quantités de cuivre étaient audit royaume de France, tant pour adviser au moyen de faire artillerie que semblablement pour empêcher vente et transports d'iceux à l'étranger. »

M. Lalanne en conclut que l'invention de Berthold Schwartz concernait l'emploi de la grosse artillerie, et peut-être à la fois d'une plus grande portée donnée à l'artillerie.

§ 8. — Premières applications de l'artillerie dans les guerres européennes.

Nous terminerons ce rapide exposé par quelques détails sur les premières apparitions de la poudre à canon dans la guerre, en nous appuyant sur l'intéressant ouvrage de M. Lorédan Larchey.

M. Lorédan Larchey a, d'après une chronique de Praïlles, datant du quinzième siècle, démontré qu'en 1324, la ville de Metz, assiégée par les troupes réunies de l'archevêque de Trèves, du roi de Bohême, du duc de Lorraine et du comte de Bar, fit appuyer une sortie par une serpentine et un canon, ce qui causa une si grande frayeur aux ennemis, que le roi de Bavière fit aussitôt corner la retraite.

En 1326, comme il appert d'une *provisione* authentique, la république de Florence possédait une artillerie relativement puissante, ayant canons en métal et projectiles en fer.

Le moine Schwartz.

En 1538, 1540, 1542, etc., des comptes témoignent de livraisons d'armes et de canons pour la défense des places de Quesnoy, Cambrai, Lille, Cahors, Agen, Montauban.

En 1346, à la bataille de Crécy, il paraît certain que les Anglais se servirent de canons et déterminèrent ainsi le gain de la bataille.

Un passage de Froissart, découvert par M. Louandre, dans un manuscrit conservé à la bibliothèque d'Amiens, confirme cette assertion : « Et les Angles décliquèrent aucuns canons qu'ils avoient en la bataille pour esbahir les Genevois. »

Depuis, Froissart mentionne avec soin l'emploi des canons et armes à feu à Calais (1347), Romorantin (1356), à la défense de Saint-Valery, en 1358. Il convient toutefois de ne pas se faire illusion sur la valeur des armes à cette époque. On en peut juger par l'ordre suivant, recommandé aux défenseurs de Brioule, en 1347, par Hughes de Cardaillac :

1º tirer avec des arbalètes à tour qui portent le plus loin ;

2º avec les arbalètes à deux pieds ;

3º et puis avec les pierres et canons.

Comme on voit, nous sommes loin encore du fusil à aiguille et du canon Armstrong. Que diraient nos chevaliers du moyen âge, si sensibles sur le point d'honneur, refusant par dignité de se servir d'armes qui excluent jusqu'à un certain point le courage individuel de la lutte corps à corps, — que diraient nos preux des croisades s'ils revenaient un jour sur nos champs de bataille modernes de terre et de mer, au milieu du sifflement des obus et de l'explosion sourde des torpilles !

CHAPITRE II

LES CORPS COMPOSANTS

(SALPÊTRE. — SOUFRE. — CHARBON.)

§ 1. — Les propriétés balistiques de la poudre à canon.

C'est donc à la réunion purement mécanique des trois corps : salpêtre, soufre et charbon, que la poudre à canon doit ses merveilleuses propriétés balistiques. Nous disons réunion et non combinaison, car, à l'aide de dissolvants appropriés, il est possible de séparer chacune des matières qui composent la poudre, sans qu'il se produise aucun des phénomènes qui accompagnent d'ordinaire les combinaisons et décompositions chimiques.

Au contact de corps chauffés au rouge ou en combustion, sous l'influence d'un choc ou d'un frottement déterminés, ce mélange va s'enflammer, et, grâce à l'action éminemment oxydante du salpêtre, donner, comme produits de la combustion de la masse, une quantité de gaz azote et acide carbonique équivalente à plus de huit cents fois le volume de la masse enflammée.

Produits à l'air libre, ces gaz n'ont aucune action balistique, puisqu'ils trouvent le champ libre à leur expansion. Il ne saurait en être de même s'ils rencontrent sur leur route un obstacle quelconque, ou, mieux encore, si leur combustion est opérée dans un vase clos ou ne présentant qu'une seule surface incomplètement fermée. La légende qui veut que Berthold Schwartz ait le premier reconnu la force explosive du mélange ternaire de salpêtre, soufre et charbon, n'est point appuyée sur une autre propriété.

En vase clos, l'explosion se produira si, comme c'est le cas dans la plupart des expériences, les parois du vase ne sont point assez solides pour résister à l'énorme pression des gaz produits. Tel est le cas des projectiles creux, des obus, récipients en fonte destinés à l'éclatement, remplis de poudre qu'on enflamme au moyen d'une amorce au fulminate qui détone elle-même par le choc.

Si le vase présente une surface incomplétement fermée, comme le serait une bouteille en fer munie d'un bouchon enfoncé à frottement dur dans le goulot, le bouchon sera projeté au dehors, avec d'autant plus de violence que la quantité de poudre renfermée dans la bouteille sera plus considérable. Ainsi s'expliquent, bien simplement, les effets balistiques des armes à feu, canons ou fusils, dans lesquels le projectile est violemment chassé par la détonation de la charge.

Les quelques explications qui précèdent nous suffiront déjà pour nous démontrer les raisons qui font donner, dans les armes à feu, la préférence aux poudres vives sur les poudres lentes, réservant évidemment les poudres *brisantes* dont nous parlerons plus tard, poudres au chlorate, fulmi-coton, dynamite, picrates et fulminates, dont l'application aux armes de guerre n'a point encore été résolue d'une façon satisfaisante. Les gaz explosifs résultant de la combustion n'agissant en effet sur le projectile que jusqu'au moment où il quitte le canon de l'arme, il est donc absolument indispensable qu'à l'instant où ce projectile est abandonné à lui-même, les gaz aient developpé toute leur puissance expansive.

En dehors des gaz azote et acide carbonique, produits principaux de la combustion de la poudre, il se forme encore des réactions secondaires donnant naissance à de l'oxyde de carbone, de l'hydrogène, de l'oxygène, de l'acide sulfhydrique, du sulfate et du carbonate de potasse, du sulfocyanure de potassium, de la vapeur d'eau.

MM. Bunsen et Schischkoff ont minutieusement analysé les produits gazeux de la combustion, ainsi que le résidu solide que la poudre laisse après l'explosion et qui forme le *crassement* des armes à feu. Nous donnerons plus loin un résumé sommaire de ces analyses qui ne changent absolument rien pour le moment à ce que nous émettons en principe : la poudre doit ses propriétés balistiques aux gaz développés par l'oxydation de ses éléments.

Avant de décrire les divers procédés de fabrication usités tant en France qu'à l'étranger, nous allons passer en revue les propriétés des corps composants eux-mêmes, refaire l'histoire de ces trois substances, salpêtre, soufre et charbon, si inoffensives lorsqu'elles sont prises séparément, possédant même chacune une large place dans les préparations pharmaceutiques, si terribles cependant si on les assemble dans les proportions voulues pour former le mélange explosif.

§ 2. — Histoire du salpêtre.

La propriété principale du salpêtre est d'être un agent d'oxydation d'une énergie incomparable. Sa formule chimique, Ko, Azo⁵ (azotate de potasse), nous montre déjà la quantité considérable d'oxygène qu'il contient. Dans le mélange ternaire des corps composants, c'est lui qui fournit tout l'oxygène nécessaire à l'oxydation des autres corps, et, par suite, à la formation des gaz détonants.

Le salpêtre est l'âme de la poudre.

Considéré au point de vue des services qu'il peut rendre

à l'industrie, en dehors des usages purement militaires qui lui incombent dans la formation de la poudre de guerre, le salpêtre sert en premier lieu à la préparation de ces deux acides si connus : l'acide sulfurique et l'acide nitrique. On le rencontre dans l'affinage du fer ou du verre. Il est employé comme fondant dans les opérations métallurgiques, notamment pour la préparation du *flux noir* et du *flux blanc*, le premier obtenu en chauffant un mélange de 1 partie de salpêtre et 2 parties de bitartrate de potasse, le second en prenant parties égales des deux corps.

Mélangeons trois parties de salpêtre, une partie de fleur de soufre, et une partie de sciure de bois provenant de préférence d'un bois riche en résine, et introduisons dans ce mélange une pièce de monnaie. Cette pièce entrera bientôt en fusion. C'est là le *fondant de Baumé*. Le cuivre et l'argent se sont changés en sulfures de cuivre et d'argent facilement fusibles.

Prenons trois parties de salpêtre, deux parties de carbonate de potasse et une partie de soufre, chauffons ce mélange dans une capsule à la flamme d'une petite lampe, la masse tout entière va se décomposer d'un seul coup, en dégageant une grande quantité des gaz azote et acide carbonique, et laissant pour résidu dans la capsule du sulfate de potasse. C'est là la *poudre détonante*.

A côté de ses propriétés industrielles, le salpêtre possède encore des propriétés domestiques précieuses. Il sert par exemple pour conserver les viandes. Il est d'un usage journalier dans les manipulations de produits chimiques ou pharmaceutiques. On le regarde également comme un excellent engrais.

En 1868, l'importation en Angleterre seule du *salpêtre indien* était de plus de trente-trois millions de kilogrammes. Dans la même année, on importait de l'Amérique

méridionale près de deux cents millions de kilogrammes de *salpêtre du Chili* ou *salpêtre de conversion* destiné à la fabrication de salpêtre de potasse ordinaire.
Ces chiffres parlent d'eux-mêmes, et disent assez haut
de quelle utilité est le salpêtre dans notre vie de chaque jour, en dehors du rôle considérable que lui assi-
gne l'art militaire dans la fabrication de la poudre à
canon.

Les efflorescences que nous remarquons souvent à la
surface des murs, des écuries, des cavités ou du sol
même, sont en grande partie formées d'azotates qu'il
suffit de purifier pour en retirer le *salpêtre* ou *nitre* qui,
nous l'avons vu par sa formule chimique, n'est autre
que l'azotate de potasse.

L'Espagne, la Hongrie, l'Égypte fournissent du salpêtre naturel, dont on balaye les efflorescences au ras
du sol. Le limon du Gange en donne en quantités considérables. On en rencontre également dans l'île de
Ceylan. Les États de l'Équateur, le Chili et le Pérou,
alimentent en grande partie nos besoins.

La composition chimique du salpêtre nous montre qu'il
renferme deux corps étroitement unis, l'acide azotique
et la potasse. Leur présence dans les gisements naturels de salpêtre est parfaitement expliquée. L'acide azotique provient de la combustion lente des matières organiques azotées contenues dans l'humus; la potasse
existe dans le feldspath des roches cristallines désagré-
gées qui forment le sol de tout gisement salpêtré. Le
manque d'hygroscopicité du salpêtre formé dans le sein
même de l'humus le fait remonter à la surface en efflorescences, qui repoussent, comme une véritable végéta-
tion organique, à mesure qu'on la balaye.

Lorsque le salpêtre se trouve ainsi à l'état naturel, son
extraction est très-facile. Il suffit de lessiver avec de
l'eau la terre qui renferme le salpêtre, désignée sous le

nom de *salpêtre de houssage*. Pour se débarrasser de l'azotate de chaux contenu dans la terre nitreuse, on mélange à la lessive du carbonate de potasse qui précipite la chaux. La lessive est évaporée et le salpêtre cristallise. Relisons la formule donnée par Marcus Græcus dans son *Livre des feux*, et nous trouverons plus d'une analogie entre nos procédés actuels de fabrication, et celui que nous enseigne le vieil alchimiste.

Lessivage du salpêtre.

Telle est donc la base des opérations, souvent très-minutieuses, qui président à la préparation du salpêtre. S'il doit entrer dans la composition de la poudre, poudre de guerre, de chasse ou de mine, et c'est là le seul cas que nous ayons à considérer, il doit être d'une pureté complète. Les règlements des poudrières françaises exigent qu'il ne renferme pas plus de trois millièmes de chlorure de potassium, en dehors de toute autre matière étrangère.

L'importance du salpêtre dans le mélange des trois éléments qui constituent la poudre à canon nous conseille de décrire sa fabrication détaillée, qui comprend quatre phases principales :

1° Préparation de la lessive brute.

2° Saturation de cette lessive.

3° Son évaporation.

4° Raffinage du salpêtre obtenu.

Dans la description qui va suivre, pour laquelle nous

réclamons toute l'attention de notre lecteur, nous reconnaîtrons facilement ces quatre phases essentielles de la préparation du salpêtre pur, livrable aux poudrières.

La terre nitreuse une fois récoltée, on la lessive dans de grandes auges en bois, afin de séparer les matières solubles de celles insolubles. Les azotates étant tous solubles, le salpêtre sera certainement contenu dans la lessive. On réduit le plus possible la quantité d'eau nécessaire à cette séparation ; la quantité de combustible nécessaire à l'évaporation sera d'autant moins considérable que la lessive sera moins étendue d'eau.

Cette lessive contenant, en dehors du salpêtre, des azotates de soude, de chaux, de magnésie, des chlorures alcalins, des sels ammoniacaux et des substances végétales ou animales, est traitée par une dissolution de carbonate de potasse, qu'on verse dans l'auge, tant que le liquide donne naissance à un précipité. Afin de ne point opérer au hasard, on se rend compte d'avance de la quantité approximative de carbonate qu'il faudra verser, en opérant d'abord sur un demi-litre de lessive ; on calcule ainsi les proportions nécessaires au volume de l'auge.

Par une réaction très-simple, les azotates de chaux et de magnésie sont transformés en carbonate, ainsi que les chlorures de ces mêmes bases. La lessive ne contient plus alors que de l'azotate de potasse, des chlorures de potassium et de sodium, du carbonate d'ammoniaque et des matières végétales et animales. On procède alors à l'évaporation dans une chaudière en cuivre. Les chlorures métalliques se déposent les premiers. On reconnaît que la lessive est assez concentrée, en projetant une goutte de la dissolution sur un métal froid. Si la goutte se prend immédiatement en une masse solide, on décante la lessive et on la verse dans des cristal-

lisoirs en cuivre. Au bout de quarante-huit heures, la
cristallisation est terminée, et l'eau mère est mélangée
à une lessive nouvelle.

Ce salpêtre brut, mélangé encore à des chlorures métalliques, doit être *raffiné*. Ce raffinage est basé sur le
peu de solubilité des chlorures. On verse le salpêtre
dans une chaudière remplie d'eau, qu'on chauffe jusqu'à l'ébullition. Le salpêtre se dissout, les chlorures
alcalins sont retirés, et les matières organiques préci-
pitées avec de la colle. On décante ensuite une dernière
fois dans des cristallisoirs, où le salpêtre se dépose sous
la forme de très-petits cristaux dits *farine de salpêtre*,
puis enfin dans des auges où il subit un dernier lavage.
Il est alors prêt à être livré au commerce.

Cette longue méthode par la lessivation des terres nitreuses n'est plus usitée en Europe que dans quelques
localités. On se contente aujourd'hui de raffiner le salpêtre brut qui nous vient des Indes, ou de transformer
l'azotate de soude du Chili en salpêtre ordinaire, en
le traitant par le chlorure de potassium.

La préparation du salpêtre au moyen du nitre du Chili
s'effectue aujourd'hui sur une grande échelle. Les
énormes chiffres d'importation que nous avons notés
plus haut en témoignent suffisamment.

Dans une chaudière de fonte d'environ quatre mille
litres de capacité, on dissout des quantités équivalentes
de salpêtre du Chili et de chlorure de potassium, quantités exactement estimées d'après les richesses centési-
males des deux corps. On prend d'habitude trois cent
cinquante kilogrammes de chaque substance. On dissout
d'abord le chlorure seul en chauffant jusqu'à ce que la
dissolution marque une densité de 1200 à 1210. Ensuite, on ajoute le salpêtre du Chili, et l'on chauffe jusqu'à la densité de 1500. Le chlorure de sodium qui se
sépare pendant ce temps est enlevé avec un râble à me-

sure qu'il se forme, et on le laisse égoutter sur un plan incliné, de manière que l'eau mère s'écoule dans les chaudières. La lessive de densité 1500 abandonnée au repos pendant quelques instants, a laissé précipiter le sel qui a entraîné avec lui toutes les impuretés; on fait alors écouler dans des cristallisoirs.

Le *salpêtre du Chili*, qui sert à cette préparation, appelé encore *nitre cubique*, diffère du salpêtre ordinaire et du *salpêtre indien* par la base du sel, qui est la soude, tandis que la base du salpêtre ordinaire est la potasse. Semblable à tous les sels de soude, le salpêtre du Chili attire l'humidité de l'air, nous le verrons donc rejeter dans la composition de la poudre. Il entre évidemment pour une large part dans la somme des matières premières qui concourent à la fabrication de la poudre à canon, mais il doit préalablement remplacer sa base sodique par la potasse, au moyen de l'opération que nous venons de détailler, précisément à cause de l'importance même du produit sur lequel on opère.

Les gisements de salpêtre du Chili, non loin de la baie d'Yquique, dans les districts péruviens d'Atacama et de Tarapaca, à trois jours de marche de la Conception, ont une étendue de près de trente milles. On le trouve presque immédiatement au-dessous de la surface du sol, où il affleure même en dépôts sablonneux. Non purifié, il est souvent coloré en brun ou jaunâtre. Le plus souvent, on le débarrasse sur place de ses impuretés naturelles, par dissolution et évaporation; puis on le dirige sur Valparaiso pour être expédié en Europe.

Nous avons déjà dit que les fabriques de poudres exigeaient un salpêtre très-pur, ou contenant tout au moins une proportion insignifiante, 3 pour 1000 de chlorure de potassium. Diverses méthodes sont employées pour vérifier la pureté du salpêtre. On reconnaît facilement les chlorures en versant, dans une dissolution du sel, une solution d'azotate d'argent. Si le salpêtre est suffisamment pur, il ne doit pas se produire de précipité, ou tout au moins on doit remarquer seulement un faible trouble dans la liqueur.

Le salpêtre, par les nombreux usages auxquels il peut être affecté, et surtout par la place prédominante qu'il occupe dans la fabrication des poudres à tirer, forme un des éléments essentiels à la vie industrielle et militaire d'un pays. En Suède, chaque propriétaire doit encore fournir à l'État une certaine quantité de salpêtre. Au siècle dernier encore, et même sous la Restauration, les *salpêtriers*, chargés de la récolte du salpêtre, jouaient un grand rôle dans l'administration française. En 1815, il existait encore huit cents salpêtriers commissionnés, et la production annuelle, dans la vaste étendue de l'empire français, s'élevait à deux millions de kilogrammes. La fabrication du salpêtre sous la première Révolution compte parmi les épisodes les plus curieux de cette époque, si vivante que la France tressaille encore en écoutant son histoire, à quelque point de vue qu'on veuille considérer les hommes et les choses du passé.

Quelques jours avant l'investissement de Paris, en 1870, un « comité scientifique de défense » fut institué. Un de ses premiers actes fut de faire au ministre un rapport sur l'extraction du salpêtre, au cas où les ressources de poudre de guerre deviendraient insuffisantes. Ce comité, présidé par l'éminent professeur du Collège de France, M. Berthelot, était composé de MM. Berthelot, président, Bréguet, d'Alméïda, Frémy, Jamin, Ruggieri et Sthützenberger. Nous publions plus loin, dans l'appendice de ce volume, le rapport dont nous parlions plus haut. Nous avons du reste réservé,

5

dans nos *Fastes de la poudre*, une place spéciale à la *Fête du salpêtre* de l'an II.

§ 3. — Histoire du soufre.

De même que le salpêtre, le soufre employé dans la fabrication de la poudre doit être très-pur. On rejette la fleur de soufre, qui contient les acides sulfureux et sulfurique, dont il faudrait préalablement se débarrasser ; mais on se sert du soufre raffiné en canons, qui doit alors présenter une belle couleur jaune, ne point laisser de cendres après sa combustion, et être complètement exempt d'arsenic. Souvent, on le fond en pains, dont on retranche la partie inférieure, où se sont déposées les impuretés.

Les usages du soufre sont nombreux et la plupart fort connus. On l'emploie pour la préparation d'une foule de produits chimiques, l'acide sulfurique, le sulfure de carbone, le cinabre, l'outremer. On s'en sert pour le soufrage du houblon, de la vigne et du vin, pour sceller le fer dans la pierre, pour vulcaniser et durcir le caoutchouc et la gutta-percha. On utilise encore, pour faire des moules de médailles ou prendre des empreintes, la curieuse propriété que possède le soufre de rester mou et plastique, si on le refroidit brusquement dans l'eau, après avoir été chauffé à 250°. Au bout de quelques instants, le soufre durcit de nouveau, et l'empreinte peut alors être conservée.

La production du soufre en Europe s'élevait, en 1870, à environ 550 millions de kilogrammes, dont 543 pour l'Italie, et surtout pour la Sicile. L'exportation du soufre de Sicile qui, en 1853, n'était que de 90 millions de kilogrammes, dépassait, en 1868, 200 millions de kilog., valant à peu près 57 millions de francs. La production du soufre en Europe se répartit ainsi :

Italie.	543,000,000 kil.
Espagne	4,000,000 —
Autriche.	2,100,000 —
Allemagne du nord	775,000 —
Belgique.	400,000 —
Autres États	350,000 —
Production totale. . .	350,625,000 kil.

C'est dire que les gisements de soufre sont nombreux et variés. L'Europe presque tout entière vient s'approvisionner aux riches dépôts de la Sicile. Les *solfatáres* de Naples le fournissent à l'état de sublimation volcanique. Les côtes de la mer Rouge et principalement les rives du golfe de Suez, les îles Ioniennes, possèdent des gisements de soufre. On en recueille annuellement plus de 100 000 kilogrammes sur le Popocatepetl, dans l'État mexicain de Puebla, et sur les bords du Borax-Lake, en Californie.

Le soufre se rencontre combiné à la plupart des métaux, sous forme de *pyrites* ou sulfures naturels du métal. La *galène*, si commune en certaines contrées, n'est autre chose que du sulfure de plomb. Le fer, le cuivre, l'antimoine, le zinc, l'argent, se trouvent à l'état naturel de sulfures. Les sources sulfureuses laissent déposer le soufre qu'elles ont en excès.

Méthode par fusion.

Obtenu par distillation ou par grillage des pyrites de fer ou de cuivre, le soufre contient toujours de l'arsenic ou du thallium. C'est à

la présence de ce dernier métal qu'il doit la belle couleur jaune-orange qu'il présente souvent; il ne peut

Méthode par distillation.

pas alors être employé dans la fabrication de la poudre.

Deux méthodes sont employées pour retirer le soufre des roches volcaniques qui le contiennent. Si la

Distillation du soufre.

matière brute est riche, on opère la fusion dans des
chaudières de fonte, chauffées doucement par un feu

de charbon. On brasse la masse avec une tige de fer.
Lorsque le soufre est fondu, on retire la roche inerte
restée au fond de la chaudière au moyen d'une cuiller,
puis le soufre en fusion est versé dans une chaudière en

Raffinage du soufre.

tôle. La masse refroidie est brisée en morceaux, qu'on
met en tonneaux pour les besoins du commerce.

Dans la méthode par distillation, le soufre, fondu dans

les vases A va se condenser en B, et finalement se déverse en D. La série de ces opérations peut facilement être suivie sur chacune de nos trois gravures.

Qu'il soit obtenu par l'une ou l'autre de ces deux méthodes, le soufre brut doit être soumis à un raffinage qui se fait par distillation.

L'appareil bien connu se compose essentiellement d'un ou deux cylindres de fonte, rempli de soufre brut qu'on chauffe, et d'une chambre dans laquelle viennent se déposer les produits de la distillation. Comme la température de la chambre qui sert de récipient dépasse toujours 112°, point de fusion du soufre, ce dernier se maintient liquide. Si on veut préparer de la *fleur de soufre*, la température de la chambre ne doit pas dépasser 110°.

Le fonctionnement de l'opération est facile à suivre sur la gravure de la page 37 ; B est le tube rempli de soufre fondu, chauffé par le foyer. Ce foyer laisse échapper, par le carneau *c*, assez de chaleur pour épurer une première fois le soufre contenu dans la chaudière *d*, qui alimente à volonté, au moyen d'un tuyau F, le tube dans lequel s'opère la distillation. Le soufre en fusion déposé dans la grande chambre G, est déversé dans un bassin, et on le coule immédiatement en canons. Il possède alors l'état de pureté suffisant pour être employé à la fabrication de la poudre.

§ 4. — Histoire du charbon.

Des trois principes composants de la poudre à canon, le charbon est peut-être celui dont le choix est le plus minutieux.

Aucun des divers procédés de carbonisation autrefois usuels, la carbonisation en meules, en tas, en fosses ou dans des fours, ne donne des résultats satisfaisants. Ces procédés sont trop connus pour que nous les reproduisions ici. La poudrerie d'Esquerdes, près Saint-Omer, celle de Saint-Chamas, près Marseille, et la poudrerie belge de Welteren, ont adopté la méthode proposée en 1847 par Violette, consistant dans l'emploi de la vapeur d'eau surchauffée pour la carbonisation en vase clos.

L'appareil installé à Esquerdes se compose de trois cylindres concentriques en tôle. Le cylindre intérieur, percé de trous sur toutes ses périphéries, reçoit la charge de bois ; le second sert d'enveloppe au premier, et le troisième entoure les deux autres. Au-dessous, se trouve un serpentin en fer, dont l'une des extrémités communique avec une chaudière à vapeur et l'autre avec le fond du cylindre-enveloppe extérieur. Un foyer, alimenté par du bois ou du coke, chauffe le serpentin au degré convenable. Un disque obturateur en fer forgé clôt le cylindre, et deux portes du même métal ferment l'appareil en empêchant tout refroidissement extérieur.

Le foyer étant allumé et le serpentin chauffé à 300°, on ouvre le robinet d'entrée de la vapeur ; celle-ci s'élance, circule dans le serpentin, s'y échauffe et pénètre dans le grand cylindre. Là, elle chemine entre les deux enveloppes, entre dans le cylindre central chargé de bois par sa partie antérieure ouverte, immerge le bois, le pénètre peu à peu, s'insinue dans ses pores, y dépose la chaleur dont elle est chargée, élève ainsi la température de manière à déterminer la carbonisation, et s'échappe par un tube de cuivre ménagé à l'un des fonds du cylindre.

On obtient ainsi ce qu'on appelle du *charbon distillé*, dont la combustibilité est très-supérieure à celle du charbon ordinaire, et qui contient environ 74 pour 100 de carbone. Les produits de la combustion varient avec les températures ; entre 270 et 300°, on obtient du *charbon roux*, employé pour la fabrication des poudres de chasse. Ce charbon roux tient le milieu entre le charbon de bois ordinaire et le bois desséché ou grillé. Au-dessus de 340°, on a le *charbon noir*, qui est utilisé dans la préparation des poudres de guerre et de mine.

Le rendement en charbon varie également avec la nature même du bois employé. Le bois de bourdaine donne environ 36 p. 100 de charbon roux et 30 p. 100 de charbon noir.

Le choix de la matière destinée à produire le charbon est loin d'être indifférent. Les diverses substances végétales produisent par carbonisation des charbons dont la composition, la dureté, la porosité, et par suite l'inflammabilité, sont très-variables. On emploie de préférence des plantes dont les fibres du liber sont bien développées, comme le lin et le chanvre.

En Allemagne, en France et en Belgique, on carbonise surtout le bois de bourdaine, le peuplier, le tilleul, l'aune, le saule et le marronnier d'Inde ; en Angleterre, le cornouiller noir et l'aune ; en Italie, le chanvre ; en Espagne, le chanvre, le lin, la vigne, le saule, le laurier-rose et l'if ; en Autriche, le cornouiller sanguin, le noisetier et l'aune. Le charbon de ces végétaux convient parfaitement pour la fabrication de la poudre à canon, vu ses grandes aptitudes à être réduit en poudre très-fine.

§ 5. — Composition de la poudre.

Ces trois éléments : salpêtre, soufre et charbon, dont nous venons de retracer l'histoire, constituent donc la poudre à canon. Chacun d'eux doit être employé à un parfait état de pureté. Leur rôle est nettement défini : le salpêtre fournit l'oxygène nécessaire à la formation

des gaz dont l'expansion détermine le pouvoir balistique final; le soufre agit comme corps inflammable, et
se retrouve ensuite en légères proportions à l'état de
sels, sulfates, hyposulfites, sulfure, sulfocyanures, dont
la base est empruntée au potassium du salpêtre.

Le dosage de chacun des trois éléments varie avec
le pays où s'est fabriqué le corps explosif. Les proportions usitées en France sont les suivantes :

	SALPÊTRE.	SOUFRE.	CHARBON.
Poudre de chasse.	78	10	12
Poudre de guerre. . { canon. . .	75	12,5	12,5
{ chassepot.	74	10,5	15,5
Poudre de mine	62	18	20

Les dosages adoptés dans les autres pays sont résumés dans le tableau suivant :

	SALPÊTRE.	SOUFRE.	CHARBON.
Angleterre	76	10	14
Belgique.	75	12,5	12,5
Prusse.	74	10	16
Wurtemberg	75	13,5	11,5
Hesse-Darmstadt	73,66	15,56	10,66
Hanovre.	71	18	11

Des trois sortes de poudres qu'emploient l'art militaire et l'industrie, la poudre de chasse est la mieux
soignée, ses grains sont très-fins et lissés. Par raison
d'économie, la poudre de guerre, surtout la poudre à
canon, est plus grossière. La poudre de mine se fabrique le plus simplement possible.

Les propriétés et la fabrication des trois corps dont
la réunion mécanique constitue la poudre nous étant
connues, ainsi que le rôle joué par chacun d'eux dans
la réaction explosive, et le dosage usité pour le mélange, nous pouvons dès lors aborder l'étude des divers
procédés de fabrication, tels qu'ils sont installés dans
les poudreries.

CHAPITRE III

LES PROCÉDÉS DE FABRICATION

§ 1. La fabrication de la poudre depuis Roger Bacon.

Perfectionnée par toutes les ressources que nous offre la science moderne, la fabrication de la poudre est restée en principe celle que nous décrivait, dans son style chimique rudimentaire, le livre du *Grand Œuvre* de Roger Bacon, donnant le moyen de faire à volonté le tonnerre « si vous savez vous y prendre. » Nous chercherions en vain, dans les poudreries françaises ou étrangères, un élément étranger aux trois corps que nous avons déjà vus apparaître si souvent dans l'histoire des feux, soit chez les peuples de l'Orient, soit plus récemment dans les nations occidentales. L'oxydant est toujours le salpêtre, les combustibles le soufre et le charbon, servant pour ainsi dire de véhicules à l'oxygène fourni par le composant nitré.

Depuis ces temps reculés de l'histoire de la poudre, les études de nos savants se sont peut-être moins portées sur la répartition, le dosage des éléments, que sur leur nature même. Les anciennes proportions ont été conservées, et les novateurs ont seulement tenté de substituer à tel des trois principes connus un agent que l'on pouvait considérer d'avance comme plus énergique. Le chlorate de potasse, par exemple, eût inévitablement, vers la fin du siècle dernier, détrôné le salpêtre, si les propriétés comburantes du nouveau corps n'eussent été par trop énergiques. La sensibilité du chlorate à l'explosion était en effet extrême, et les désastres auxquels

donna lieu la fabrication du nouvel explosif en fournirent bien vite la triste preuve. Force fut donc d'en revenir au salpêtre.

On s'est alors demandé s'il ne serait point possible
de substituer au nitre à base de potasse le nitre à base
de soude, ou *salpêtre du Chili*, substance dont le prix
est beaucoup moins élevé que celui du salpêtre ordinaire, puisqu'elle sert à la préparation même de ce dernier corps. Il se présentait encore un obstacle insur-
montable. L'azotate à base de soude partage avec les
sels sodiques la désastreuse propriété d'attirer l'humidité, lorsqu'il est mal purifié. Une poudre au nitrate
de soude, fabriquée à la poudrerie du Bouchet, ne présentait plus, après deux mois de conservation, que le
tiers de sa force primitive.

Nous examinerons plus tard, dans un chapitre spécial,
les poudres diverses qui ont été proposées pour remplacer la poudre ordinaire, soit par raison d'économie,
soit pour donner au mélange une force explosive plus
considérable, tout en conservant les éléments principaux de la composition usuelle. Quelle que soit la nature de ces composés nouveaux, dont plusieurs méritent
certainement toute notre attention, la poudre noire au
mélange ternaire de salpêtre, soufre et charbon, est
encore restée, en dehors des composés explosifs azotés
du genre de la nitroglycérine et du fulmicoton, le corps
détonant par excellence.

Les trois composants, suivant qu'ils sont destinés à
donner, par leur mélange, la poudre destinée à la chasse,
à la guerre ou à l'exploitation des mines et carrières,
sont traités d'une manière un peu différente. Il y a seulement peu d'années, tandis que le procédé des *meules*
était employé pour la trituration et la compression de
la poudre de chasse, la méthode par les *pilons* était réservée aux poudres de guerre, et la trituration des élé-

ments réservés à la fabrication des poudres de mines s'effectuait dans des *tonnes* tournantes, par un procédé analogue à la méthode dite *révolutionnaire.*

Le choix de l'une ou de l'autre de ces méthodes est soumis, du reste, aux circonstances qui peuvent modifier tel ou tel genre de travail. Le procédé *révolutionnaire*, plus expéditif que ceux en usage lors de son inauguration, naquit de la nécessité même où l'on se trouvait, à cette époque tourmentée, de réduire la durée ordinaire de la fabrication, lorsque les quatorze armées de la République brûlaient à nos frontières menacées plus de poudre que n'en eussent pu fournir nos poudreries actuelles, avec leur installation régulière. Le siége de Paris modifia aussi les procédés adoptés, et la poudre fut fabriquée par une méthode différant à très-peu près de celle adoptée en 1793.

Que nous adoptions tel ou tel procédé, nous retrouverons toujours, dans la fabrication des poudres, la série d'opérations suivantes :

1° Mélange mécanique des trois éléments constituants, aussi intime que possible, de manière que la masse possède une homogénéité parfaite ;

2° Compression du mélange, afin de lui donner une plus grande densité ;

3°, 4° et 5° Grenage, séchage et lissage de la poudre.

§ 2. — Pulvérisation, mélange et compression des éléments. — Procédés des meules, des pilons et des tonnes. — Méthode révolutionnaire.

Dans l'un quelconque des procédés, on commence par triturer séparément le soufre et le charbon dans des tonnes cylindriques en bois, dont la surface intérieure, garnie de cuir, est munie de douze liteaux en

saillie, sur lesquels vient se briser la matière pulvérulente, mélangée avec un certain nombre de gobilles de
bronze. Ces tonnes, mobiles autour d'un axe horizontal,
ont 1ᵐ,30 de diamètre, et 1ᵐ,20 à 1ᵐ,50 de longueur.

Meules de trituration.

Pour la poudre de chasse, on charge dans l'une des
tonnes 15 kilogrammes de charbon et 30 kilogrammes
de gobilles, dans l'autel 50 kilogrammes de soufre et 60
kilogrammes de gobilles. Les quantités respectivement
triturées pour la confection de la poudre de guerre
sont de 30 kilogrammes de soufre avec 60 kilogrammes
de gobilles, et 15 kilogrammes de charbon avec 15 kilogrammes de gobilles. Les gobilles employées pour la
poudre de chasse ont de 7 à 8 millimètres de diamè-

tre ; celles qui servent à la trituration des poudres de guerre sont un peu plus grosses : elles ont de 10 à 12 millimètres.

On ne pulvérise que le charbon et le soufre, le salpêtre étant obtenu à l'état de ténuité nécessaire en petits cristaux.

La trituration achevée, on blute les matières, et on les mélange dans les proportions exigées par les compositions respectives des poudres que l'on se propose d'obtenir. S'il s'agit de la poudre de chasse, on prendra :

Salpêtre. 15,60
Soufre. 2
Charbon. 2,40

correspondant aux proportions adoptées de 78 de salpêtre, 10 de soufre, et 12 de charbon.

Le mélange des éléments est prêt à être passé soit aux meules, soit aux pilons.

Dans une auge cylindrique à sole plane, sur laquelle roulent, avec une vitesse de 10 tours par minute, deux *meules* en fonte de $1^m,50$ de diamètre sur $0^m,47$ de largeur, on étend les 20 kilogrammes du mélange humecté avec 1 litre 1/2 d'eau. On arrose de temps à autre, de manière à maintenir l'humidité entre 6 et 7 pour 100 d'eau. La trituration dure environ deux heures pour la poudre fine, quatre heures pour la superfine et cinq heures pour l'extra-fine. En faisant ensuite tourner pendant un quart d'heure les meules avec une vitesse d'un demi-tour par minute, on obtient la galette de poudre comprimée, prête pour les dernières opérations du grenage et du séchage.

Les poudres de guerre sont fabriquées de préférence par la méthode des *pilons*, analogues aux bocards employés dans les opérations métallurgiques. Le jeu des pilons se comprend à premier examen de la gra-

vure qui le représente. Un arbre à cames soulève et
laisse retomber alternativement une batterie de 8 à
12 flèches en bois portant à leur extrémité inférieure
une lourde tête en bronze battant dans un culot de bois
dur. Chaque flèche armée pèse 40 kilogrammes, et la
hauteur de chute de la tête de bronze est de 0,40.

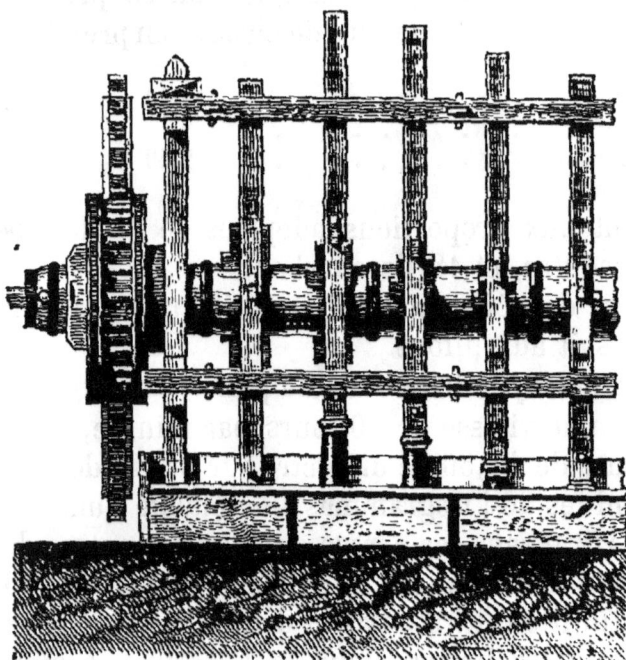

Batterie de pilons.   Pilon.

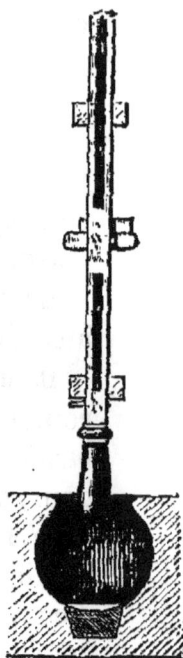

Chaque mortier reçoit une charge de 10 kilogrammes de matière humectée avec 1 litre 1/2 d'eau. Le
battage a lieu d'abord avec une faible vitesse, qu'on
augmente alors que la masse s'est un peu agglomérée.
Pour éviter la formation des culots, on change toutes
les heures les matières du mortier, sauf pendant les
deux dernières heures du battage, qui dure en tout
onze heures. On a soin d'arroser fréquemment les matières pulvérisées.

Avant de procéder au grenage de la masse, on l'étend
en couches minces pendant deux ou trois jours sur des
tables, et on laisse sécher jusqu'à ce que l'humidité soit
de 6 pour 100.

Dans la *méthode révolutionnaire*, le mélange des éléments s'effectue simplement dans des tonnes avec des
gobilles. On triture d'abord avec des gobilles de bronze
le salpêtre et une partie du charbon, puis le reste du

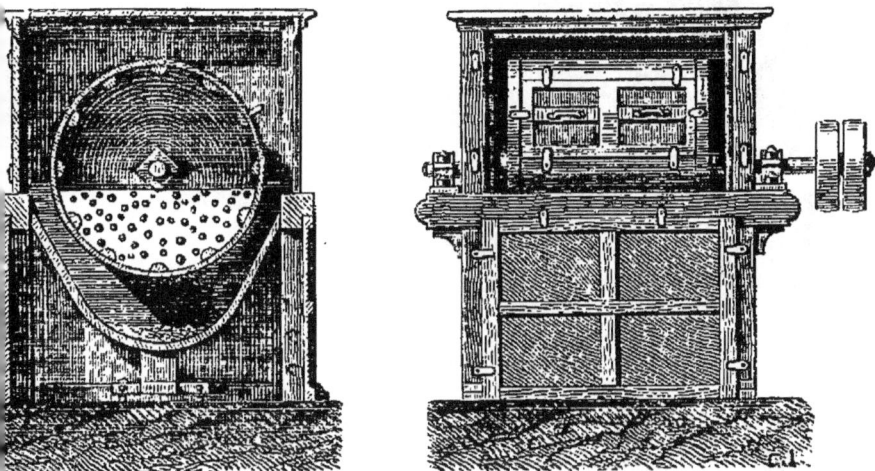

Tonne de trituration.

charbon avec le soufre. La trituration ternaire a lieu
avec des gobilles d'étain. On forme ensuite des galettes
minces à la presse hydraulique, ou en comprimant la
composition entre deux rouleaux d'environ 0,60 de diamètre. La poudre humectée arrive sur un drap sans fin,
qui la rend de l'autre côté à l'état de galette de 8 à 15
millimètres d'épaisseur, présentant à peu de chose près
l'aspect d'une feuille de schiste ardoisier.

La poudre de mines est fabriquée par le procédé
des tonnes, tel que nous venons de le décrire. La fabrication comprend une trituration binaire de quatre heu-

res avec des gobilles de bronze dans des tonnes de fer,
et une trituration ternaire de deux heures avec des gobilles en bois ou en bronze, dans des tonnes garnies de
cuir.

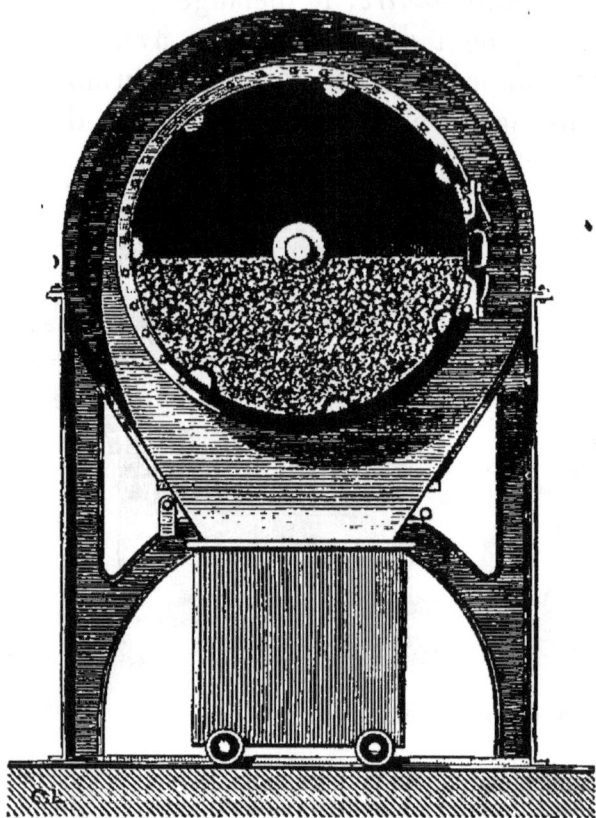

Tonne de trituration binaire.

En résumé, trois méthodes pour la fabrication des
poudres : les *meules*, les *pilons*, les *tonnes* ou *procédé
révolutionnaire*, au moyen desquelles on obtient le tourteau de poudre, prêt à être soumis aux deux opérations du grenage et du tissage.

§ 3. — Grenage, séchage, lissage et époussetage de la poudre
Fabrication de la poudre à l'étranger. — Le siége de Paris.

La galette compacte, qu'elle ait été comprimée sous
l'action des meules, de la presse hydraulique, ou sur
un drap sans fin passant entre deux rouleaux, est brisée au moyen d'un marteau en bois garni de clous de
bronze et soumise au *grenage*, qui s'opère dans des cribles percés de trous de différentes dimensions.

Guillaume.

Sur le premier crible, appelé *guillaume*, on place un
tourteau lenticulaire en bois dur, bois de gaïac ou de
cormier, et en imprimant un mouvement de va-et-vient,
les fragments de galette sont égrugés. Au moyen du
deuxième crible ou *grenoir*, on calibre à la grosseur
voulue les grains égrugés. L'*égalisoir* sépare les grains
de même grosseur et la poussière.

Si on dispose dans un châssis octogonal huit de ces
cribles, on obtient la *machine à égrener* de Lefebvre,
usitée dans diverses poudreries françaises et alle-
mandes.

Dans la granulation par le procédé Champy, usité

sous la première Révolution, on injecte dans des tonnes, au moyen d'un tube terminé par une pomme d'arrosoir, de l'eau pulvérulente; chaque goutte d'eau devient le centre d'un grain de poudre qui s'accroît à mesure, à la façon d'une boule de neige. On arrête la tonne lorsque les grains ont atteint la grosseur suffisante, ce qui peut facilement être vérifié par expérience.

Le *lissage* s'opère dans des tambours semblables aux tonnes qui servent à la trituration des matières. On fait tourner lentement le tambour pendant quelques heures. Les grains de poudre en mouvement viennent frapper contre des baguettes disposées sur le pourtour intérieur de la tonne, ce qui augmente le frottement des grains les uns contre les autres. Certaines poudreries ajoutent même du graphite afin de donner du brillant à la poudre, mais c'est au détriment de l'inflammabilité de l'explosif.

La poudre ainsi lissée est séchée, soit à l'air libre, soit dans des chambres où on insuffle de l'air chaud. Le séchage doit se faire lentement; une opération poussée trop activement amènerait un fort dégagement de vapeur d'eau, entraînant du salpêtre à la surface, et faisant par suite prendre les grains en paquets.

Reste l'opération de l'*époussetage*, par laquelle on débarrasse, en la passant sur un tamis suffisamment fin, la poudre de la poussière qui a pu s'y mélanger pendant les diverses manipulations précédentes.

La poudre est alors définitivement préparée, propre à être mise en cartouches pour le lamentable service que l'art militaire réclame d'elle, comme une sanglante récompense des soins dont il l'a entourée pendant sa longue et minutieuse fabrication.

Les fabrications étrangères diffèrent peu de la série de manipulations que nous venons de décrire pour les

poudreries françaises. Nous y retrouverons toujours
les mêmes phases dans les opérations successives de la
trituration, de la compression, du séchage et du lissage.
Chaque poudrerie y a seulement apporté les perfectionnements dus à l'initiative de directeurs habiles, versés
dans la pratique de la fabrication et du maniement des
corps explosifs.

En Angleterre, par exemple, à la poudrerie de Wal-
tham-Abbey, on commence par broyer les matières premières sous des meules. On opère ensuite le mélange
des matières dans des tonnes tournantes, traversées par
un arbre à palettes qui tourne en sens contraire de la
tonne. Le mélange obtenu est trituré avec des meules,
et la masse concassée entre des cylindres armés de
dents, puis soumise à la presse hydraulique, à raison
de 140 kilogrammes de pression par centimètre carré.
Le grenage se fait encore au moyen de cylindres armés
de dents. On lisse deux fois, et on sèche entre les deux
lissages.

Le procédé employé pendant le siége de Paris diffère
peu, en somme, du procédé révolutionnaire. Le salpêtre
et le soufre étaient broyés au préalable dans des
broyeurs Carr. Le charbon était du charbon de bois
blanc obtenu par distillation; il était réduit en poudre
fine sous des meules et tamisé. Comme dans le procédé
révolutionnaire, on opérait les triturations binaires et
ternaires dans des tonnes et on produisait le galetage à
la presse hydraulique. La galette était concassée au
maillet et broyée entre des cylindres en bois de gaïac.
On séparait ensuite par tamisage les grains pour la
poudre à canon et ceux pour la poudre chassepot. Le
lissage s'effectuait dans des tonnes qui, étant traversées
par un courant d'air, opéraient en même temps le séchage, la température s'élevant suffisamment, grâce au
frottement.

Bien que nous ayons dû passer sous silence un grand nombre de détails de fabrication qui rentrent seulement dans le cadre de traités spéciaux, et qui diffèrent du reste avec chaque pays et même avec chaque usine, ce que nous avons dit de la fabrication de la poudre nous suffit largement pour devenir familiers avec les diverses opérations qui la constituent, opérations très-simples, mais qui ont cependant exigé une longue série de siècles pour être connues et perfectionnées comme elles le sont de nos jours.

CHAPITRE IV

PROPRIÉTÉS ET ESSAIS DES POUDRES

§ 1. — Propriétés physiques.

La supériorité que possède jusqu'ici la poudre à base de salpêtre, soufre et charbon, sur les autres composés explosifs plus ou moins ingénieusement conçus par leurs inventeurs, repose sur deux propriétés principales : inflammation facile, provoquée par une température d'environ 500°, au contact d'une mèche ou d'un briquet, — résistance au choc ou au frottement, suffisante pour qu'on n'ait point à redouter les dangers inhérents à des mélanges explosifs souvent plus puissants, mais peu maniables. Telle la poudre au chlorate de potasse.

La poudre à canon, obtenue par les divers procédés en fabrication que nous venons d'exposer, doit toutefois posséder certaines propriétés physiques indispensables, qu'il nous semble utile de faire connaître.

Il est tout d'abord facile de distinguer les diverses qualités de poudre à la seule couleur du produit. Une bonne poudre doit être d'un gris-ardoise. Si elle est noire-bleuâtre, elle renferme une trop grande proportion de charbon. Une couleur trop noire indique l'humidité.

L'aspect brillant de la poudre est souvent dû à du salpêtre séparé par cristallisation, comme cela arrive lorsque le séchage de la poudre s'est effectué à une température trop élevée.

Les grains de la poudre doivent, autant que possible, être de la même grosseur, et offrir une résistance suffisante lorsqu'on veut les écraser dans la paume de la main, afin de supporter les manipulations des transports. Une fois écrasée, les particules ténues ne doivent point présenter d'angles saillants, ce qui indiquerait une pulvérisation incomplète du soufre.

Si l'on fait brûler un petit tas de poudre sur du papier, il doit non-seulement ne pas entamer le papier, mais ne laisser aucune trace de la combustion. Des traces noires indiquent un excès de charbon, des traces jaunes un excès de soufre. Si la poudre, en brûlant, troue le papier, ou laisse par le frottement une tache noire sur le dos de la main, elle est trop humide, ou renferme du pulvérin qui, comme nous le verrons, nuit à l'inflammabilité du grain.

Exposée longtemps à l'air humide, la poudre absorbe l'humidité, et sa combustion est plus lente. L'azotate de soude, ou nitre du Chili, dont nous avons déjà eu l'occasion de parler, doit par cela même être exclu de la fabrication. Si la poudre renferme moins de 5 pour 100 d'eau hygrométrique, elle peut encore être convenablement desséchée; mais, au-dessus de cette proportion, elle laisse effleurir le salpêtre.

On retrouve souvent, dans les analyses des diverses poudres, la notion de *densité gravimétrique*, qui est le poids d'un litre de poudre, y compris les interstices qui existent entre les grains. Cette densité varie entre 900 et 984 grammes. On peut donc dire approximativement qu'un litre de poudre pèse 1 kilogramme, ce qui est, comme chacun sait, le poids d'un litre d'eau.

§ 2. — Poudre inexplosible. — Mélanges de Piobert, Fadaïeff et Gale. — Précautions exigées par le maniement des poudres. — Le désastre du monitor turc, le *Litfi-Dschelil*, à Braïla.

La poudre à canon fut tout d'abord employée à l'état pulvérulent; mais on ne fut point longtemps sans reconnaître que sa combustion était bien plus rapide, lorsqu'elle était façonnée en grains, laissant entre eux des interstices appréciables, à travers lesquels les gaz pussent se propager plus facilement, tandis que le pulvérin, qui se tassait trop, ne laissait qu'un passage insuffisant à la flamme.

De cette remarque naquit l'idée des *mélanges inexplosibles*, destinés à amoindrir, par l'addition d'une substance pulvérulente, le pouvoir explosif des poudres en grains, et à diminuer par cela même le nombre des accidents auxquels donne lieu le maniement de la dangereuse substance détonante.

Piobert, après une série d'expériences exécutées en 1855, proposa d'abord de conserver la poudre en magasin, en la mélangeant avec un poids égal de poussier de charbon, de soufre ou de salpêtre triturés. Un simple tamisage permettrait de retrouver les grains en temps voulu.

Un chimiste russe, Fadaïeff, reprenant les expériences de Piobert, montra ensuite que la poudre mélangée

avec un tiers de son poids d'un mélange à parties égales
de charbon de bois et de graphite, s'enflamme diffici-
lement, même avec une lance à feu, et que la flamme
peut être éteinte au moyen de l'eau.

Gale proposa enfin de se servir du verre pulvérisé
très-fin qui, mélangé à la poudre en proportion de une
à quatre parties, ne lui laisse que la propriété de fuser
et la rend complétement incombustible.

Toutes ces précautions, si ingénieuses qu'elles soient,
n'ont pu recevoir la sanction de la pratique, vu l'en-
combrement qui résulterait de leur emploi, principalement sur les navires de guerre, où la place est stricte-
ment mesurée, et où l'espace nécessaire doit être réservé
pour les machines et surtout pour le charbon.

Il serait d'ailleurs absolument nécessaire, si on vou-
lait se servir des procédés Gale, Fadaïeff ou Piobert, de
varier la proportion de substance inerte avec les différentes qualités de poudre qui peuvent se présenter. La
quantité employée pour protéger la poudre à canon en
gros grains devrait au moins être le double de celle qui
pourrait arrêter la combustion des poudres fines.

Bien qu'une dilution suffisante de la poudre à canon
puisse assurer aux poudrières et aux navires de guerre
une sécurité assez grande pour compenser l'incommo-
dité résultant d'un volume beaucoup plus considérable,
il y aurait certainement plus d'un obstacle sérieux à
traiter ainsi les poudres destinées à la marine ou à la
guerre de campagne.

Ainsi, par exemple, à moins que ces poudres ne
soient considérablement diluées, il y aurait lieu de
craindre que la substance non explosible ne se séparât
pendant le transport par terre ou par mer, et que le
but proposé ne fût pas atteint. Ajoutons à cela la nécessité de faire, à bord d'un vaisseau ou sur le champ
de bataille, la séparation de la poudre et du verre, la

fabrication des cartouches et des bombes, ce qui prendrait un temps considérable et serait fort dangereux, et, par-dessus tout, les dangers incalculables qui se présenteraient inévitablement, si le soldat ou le marin s'habituaient à penser que la poudre est inoffensive; car il est absolument nécessaire qu'on finisse par la leur donner sous sa forme explosible[1].

L'extrême rareté des accidents à bord des vaisseaux de guerre en temps de paix, ou pendant une campagne, est due à la stricte application des règlements, dont quelques-uns peuvent d'abord paraître exagérés et même absurdes, mais qui ont pour effet de rendre toujours présents à l'esprit le danger lui-même et la vigilance indispensable pour l'éviter.

Le désastre du monitor turc *Litfi-Dschelil* à Braïla, dans les eaux du Danube, semble devoir être mis au compte d'une de ces négligences dans la manœuvre, contre lesquelles les procédés les plus efficaces ne sauraient réagir.

Le correspondant militaire du journal *le Temps* raconte ainsi ce lamentable épisode des premiers jours de la guerre d'Orient :

« Une trentaine de coups avaient déjà été tirés sans résultat par les batteries russes, mais à chaque salve les boulets tombaient dans le fleuve plus près du monitor, indiquant une rectification méthodique du tir. Le navire turc ne ripostait point; mais à un signal qu'il fit, on vit deux autres canonnières de rang inférieur se préparer à déboucher du canal de Matschin. C'est à ce moment qu'une bombe vint s'abattre perpendiculairement sur le pont. Presque immédiatement il sembla aux spectateurs que le navire s'entr'ouvrait, et aussitôt il en sortit un nuage de fumée dans lequel se

---

[1] *La poudre à canon*, lecture à l'institution royale de la Grande-Bretagne, par F. A. Abel, de la Société royale de Londres.

distinguaient des débris de toute sorte, puis tout s'effondra, ne laissant à la surface de l'eau qu'un tronçon
de mât, portant encore le pavillon ottoman. On croit
qu'il pouvait y avoir une centaine d'hommes à bord.
Comment expliquer que la sainte-barbe, la partie la
mieux protégée d'un navire cuirassé, ait été aussi facilement atteinte ? La seule supposition plausible, c'est
que les Turcs, avec leur négligence naturelle, auront,
pour s'éviter un va-et-vient fatigant, entassé dans leur
batterie une quantité de munitions considérable et négligé en outre de refermer leur magasin de poudre et
de projectiles. Quoi qu'il en soit, la nature de l'explosion exclurait toute idée de destruction par les torpilles
et démontrerait qu'elle est bien due au projectile
russe. »

Selon la version précédente, le désastre du *Litfi-
Dschelil* serait donc bien un lamentable exemple des
catastrophes qu'amène inévitablement le manque de
surveillance d'un équipage, catastrophes que ne sauraient conjurer les méthodes les plus ingénieuses, ima-
ginées pour rendre inexplosibles les matières détonantes destinées au chargement des projectiles.

§ 5. — Épreuve des poudres. — Le mortier-éprouvette. — Le pendule balistique et le chronoscope électro-magnétique. — Expériences calorimétriques de MM. de Tromenec, Roux et Sarrau.

La plus ancienne et la plus simple méthode pour
essayer la force d'une poudre est l'épreuve par le mortier-éprouvette.

Le *mortier-éprouvette* est un mortier de bronze qui
lance, sous un angle de 45°, un boulet d'un poids fixe
de 29 kilogr. 400, avec une charge de 92 grammes de
poudre. Le mortier a 191 millimètres de diamètre et

Explosion du monitor turc *Lifti-Dschelil* à Braïla.

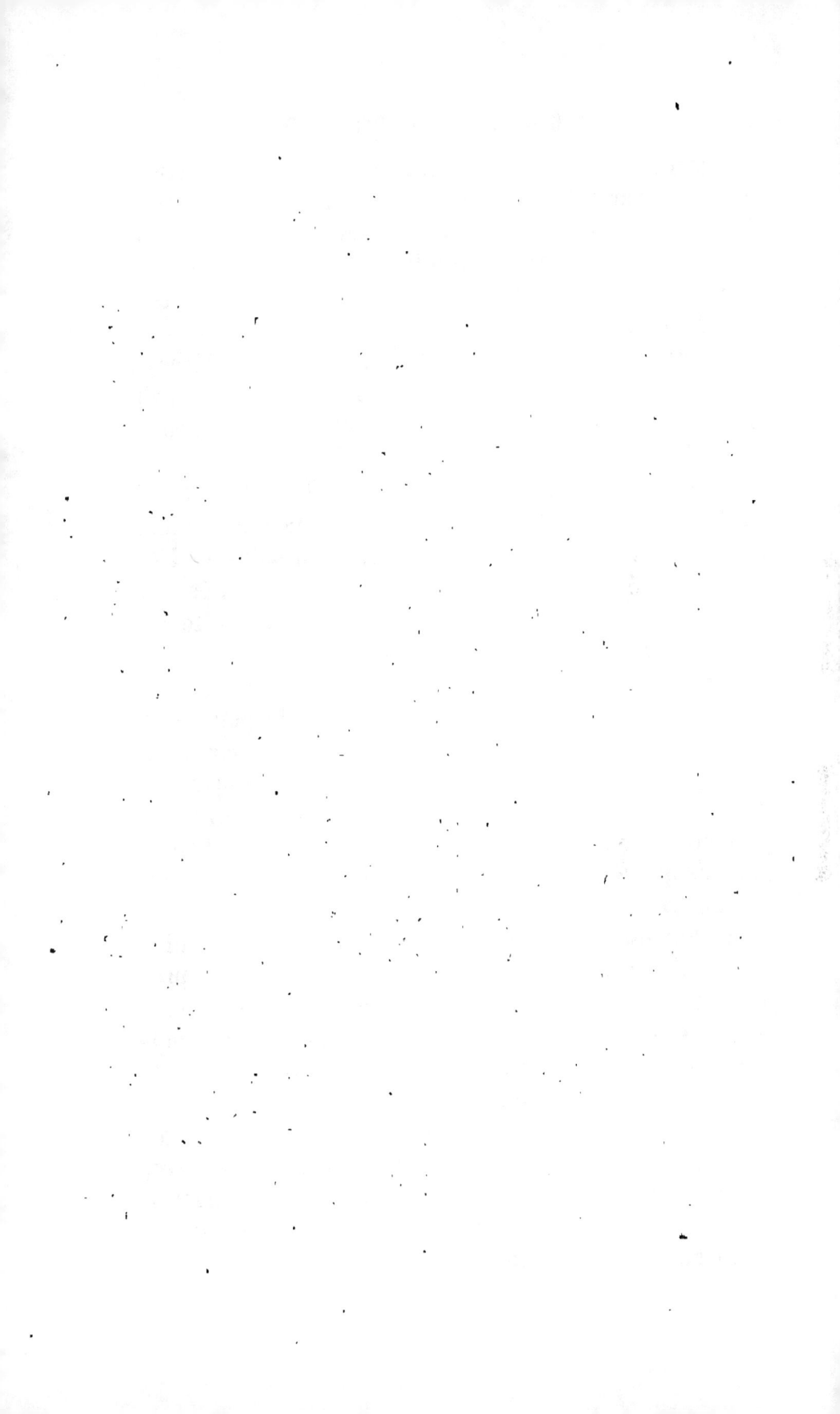

239 millimètres de profondeur. Toutes ces proportions restant invariables, la portée du boulet pourra servir d'échelle de comparaison pour la force balistique de la poudre. Si la poudre est excellente, la portée devra atteindre 250 à 260 mètres; la portée minima est de 225 mètres.

L'épreuve des poudres s'effectue encore de diverses façons, soit avec l'éprouvette à crémaillère, le fusil-pendule ou pendule balistique, et enfin par le chronoscope électro-magnétique.

Dans l'essai par l'*éprouvette à crémaillère*, on charge 22 à 25 grammes de poudre dans un mortier vertical, et on fait détoner. L'explosion soulève un poids de 4 kilogrammes, qui se meut entre deux tiges dentées. La qualité explosive de la poudre est proportionnelle à la hauteur dont a été soulevé le poids.

L'épreuve par le *pendule balistique* s'effectue de deux manières différentes. Ou bien la force de la poudre est mesurée par le recul, estimé en degré de l'arc parcouru, imprimé à un canon de fusil suspendu et mobile autour d'un axe horizontal, — ou bien encore on mesure l'arc parcouru par un pendule analogue, auquel est fixé un mortier qui reçoit le choc du projectile lancé avec une charge fixe de poudre.

Le *chronoscope électro-magnétique* est d'un usage plus récent. Il est employé pour mesurer la vitesse des projectiles dans l'essai des armes à feu ; nous le verrons en usage pour les épreuves des canons géants de Woolwich, à Schœburyness, et des pièces Armstrong de 100 tonnes du *Duilio* italien, à la Spezzia.

Supposons que par une série d'observations, faites avec une même charge en poids de diverses poudres, on parvienne à mesurer le temps que met un même projectile à parcourir une distance donnée, il est évident qu'on aura ainsi un moyen de comparaison entre les forces explosives des diverses substances détonantes qui ont servi aux expériences.

L'usage du chronoscope électro-magnétique n'est point basé sur autre chose, et son installation, que nous représentons ci-contre, est d'une simplicité extrême. Le projectile, au sortir de l'arme, brise un fil qui ferme le courant d'une pile électro-magnétique, ce qui met en mouvement l'aiguille d'une montre. Le choc de la balle sur le but ferme le courant et arrête la montre, On peut lire ainsi exactement le temps employé par le projectile à parcourir la distance connue, qui sépare les deux fils du circuit électro-magnétique.

Tout dernièrement, M. de Tromenec, et après lui MM. Roux et Sarrau, détaillaient un moyen plus exact encore que les précédents pour comparer la force explosive des diverses poudres.

La méthode de M. de Tromenec, exposée par M. Berthelot dans une séance de l'Académie des sciences, est basée sur ce principe de thermodynamique : lorsqu'un corps détone sans produire d'effet dynamique, la force disponible se transforme en chaleur. Il suffit donc de faire détoner la poudre en vase clos et de mesurer la chaleur produite.

L'appareil se compose d'un vase cylindrique en acier fondu, d'une capacité intérieure d'un demi-litre, et dont les parois ont de 3 à 4 centimètres d'épaisseur. Le vase est hermétiquement fermé par un bouchon à vis, muni d'un canal central fermant à robinet, et de deux conduits latéraux où sont mastiqués les deux fils d'un appareil électrique destiné à enflammer la charge. Le vase est placé dans un récipient en tôle rempli d'eau, servant de calorimètre, et placé lui-même dans un baquet rempli de coton, afin d'éviter les pertes de chaleur. Le vase est rendu immobile par une vis de pression. Un thermomètre donne la mesure de la température

Déterminaison de la force d'une poudre par le chronoscope électro-magnétique.

à un centième de degré près. On remue l'eau au moyen
d'un agitateur.

M. de Tromenec a expérimenté avec 5 grammes de
la poudre à canon du Bouchet, avec de la poudre de
mine et de la poudre de contrebande anglaise. Il a
trouvé les nombres de calories suivants : 840, 729 et
891, qui peuvent servir de termes de comparaison entre
ces trois sortes de poudres.

De leur côté, MM. Roux et Sarrau, au moyen d'un
appareil calorimétrique analogue à celui de M. de Tromenec, constataient que la poudre fine de chasse, composée de 78 de salpêtre, 10 de soufre, et 12 de charbon, donne 807 calories ; la poudre de guerre à canon,
composée de 75 de salpêtre, 12,5 de soufre et 12,5 de
charbon, 752 calories ; la poudre de mine, composée
de 62 de salpêtre, 20 de soufre, et 18 de charbon,
570 calories.

La méthode calorimétrique que nous venons d'exposer exige des opérations minutieuses ; les moyens mécaniques décrits précédemment suffisent parfaitement
pour comparer entre elles des poudres de diverses provenances, dont on a décidé de faire les essais.

§ 4. — Application de l'énorme tension des gaz de la poudre à la
géologie expérimentale. — Expériences de M. Daubrée.

Ce que nous avons dit des produits de la combustion
de la poudre suffirait pour constater l'énorme tension
des gaz qui se dégagent, au moment de l'explosion. Les
deux savants chimistes anglais, MM. Noble et Abel, ont
trouvé, dans leurs remarquables expériences faites à
l'arsenal de Woolwich, que, lorsque la poudre emplit
complétement l'espace dans lequel on met le feu, la
pression n'est pas moindre de 6400 atmosphères, ou

42 tonnes par pouce carré. Les expérimentateurs dédui-
sirent également de leurs observations que l'explosion
détermine une température de 2200°, c'est-à-dire tout à
fait comparable à celle qui fait entrer le platine en fusion.

Pour arriver à ces résultats, MM. Noble et Abel se
sont servis d'une chambre en acier fermée par une
cheville à vis, à travers laquelle passaient des fils qui
mettaient le feu à la gargousse par l'électricité. La
pression était notée au moyen de manomètres à conden-
sation.

M. Daubrée a songé à utiliser cette énorme tension
des gaz de la poudre pour tenter de reproduire expéri-
mentalement les mystérieuses transformations qui suivent leur cours dans l'intérieur du globe, et sur l'origine desquelles nous n'avions pu faire jusqu'à ce jour
que des hypothèses plus ou moins ingénieuses.

Le savant géologue résolut donc d'étudier expéri-
mentalement les phénomènes qui se produisent sur des
métaux lorsqu'ils sont soumis à une température élevée, sous une très-forte pression, conditions qui se réa-
lisent dans les régions profondes du globe où s'élabo-
rent les produits qu'émettent les volcans, soit à l'état
de fusion, soit à l'état de sublimation. Des circonstances
analogues se retrouvent aussi lors du refoulement énergique produit sur l'air par les bolides qui entrent dans
notre atmosphère. —

Une première série d'expériences fut faite en vases
clos sur des feuilles d'acier enroulées. Avec la déflagra-
tion de 12 grammes de poudre, dans une capacité de
43 centimètres cubes, la lame d'acier fut complètement fondue et transformée en un lingot tourmenté et
boursouflé, ressemblant à une scorie tuméfiée, rappelant le squelette ferrugineux des fers météorologiques
d'Atacama ou d'Imiloc, au Chili. Ainsi, en une fraction

de seconde, il y eut fusion de l'acier, boursouflement considérable par le gaz, passage d'une partie très-notable du fer à l'état de sulfure, réduit en poussière impalpable. La pression dut s'élever de 1000 à 1500 atmosphères et la température à plus de 2000 degrés.

Dans une autre série d'expériences, on a laissé une petite issue aux gaz. Dans ces circonstances, les gaz s'échappent en exerçant un frottement énergique sur chaque point du métal soumis à l'expérience ; ils accumulent ainsi sur lui leur chaleur, au point de produire la fusion ; puis ils emportent mécaniquement le métal à l'état de poussière impalpable.

De même que dans ces expériences, l'eau est soumise à une très-forte pression dans les régions profondes et chaudes du globe, par exemple dans les réservoirs volcaniques. Lorsque cette eau s'échappe vers la surface par des fissures étroites, elle doit apporter diverses substances à un état de pulvérisation qui simule également la volatilisation. La force qui fait monter la lave jusqu'au sommet de l'Etna, à plus de 5000 mètres au-dessus du niveau de la mer, exerce une pression qui dépasse 1000 atmosphères ; elle est donc comparable à celle de la chambre dans laquelle M. Daubrée a fait ses expériences.

Les expériences de M. Daubrée ouvrent ainsi à la géologie expérimentale une voie toute nouvelle, et parviendront peut-être un jour à nous révéler le secret de phénomènes jusqu'ici entourés d'un profond mystère. Ce ne sera point, certes, un des moindres titres de gloire de la poudre à canon, si, avec l'aide de sa puissante force explosive, nous parvenons à faire faire à la science un pas de plus dans ses laborieuses découvertes.

L'histoire de la poudre à canon est contenue presque
tout entière dans celle de l'artillerie ou des armes
portatives. Les progrès récents qui sont venus agrandir
le domaine des matières explosives, n'ont point encore
trouvé leur application à l'art militaire, et, en dépit de
leur monstrueuse puissance, les poudres nouvelles se
sont vues contraintes à céder encore le pas à leur antique prédécesseur.

Les mélanges explosibles peuvent en effet se partager
en deux classes bien tranchées : les *poudres mécaniques*
formées de composés stables par eux-mêmes, mais qui
peuvent réagir les uns sur les autres, sous l'action de
diverses circonstances étrangères, telles que la chaleur,
l'électricité, le choc, de manière à donner naissance à
des produits gazeux, — et les *poudres chimiques*, formées de corps d'une grande instabilité, tels que la nitroglycérine, le fulmicoton, les fulminates, etc. Cette
seconde catégorie de poudres donne lieu à des défla-
grations très-vives. Ce sont des *poudres brisantes.*

De pareils composés, quelle que soit leur force, et
précisément à cause de cette force même, ne peuvent
être employés dans les armes. Ils donnent naissance, au
moment de l'inflammation, à une pression énorme qui
détériore ou fait éclater l'enveloppe métallique, par le
choc violent qu'elle produit contre les parois.

La poudre à canon, au contraire, remplit parfaitement le but qui lui est assigné. Elle brûle d'une manière progressive, et la pression des gaz, faible au commencement, s'accroît à mesure que le projectile par-
coure l'âme du canon.

Résumant dans une formule simple cette condition essentielle de l'emploi d'un explosif dans les armes à feu, M. Piobert a dit : « La poudre la plus convenable, pour une arme déterminée, est celle qui, brûlant d'une manière complète dans le temps que met le projectile à parcourir l'âme de la pièce, lui imprime, non *instan-*

Le mitrailleur et la mitrailleuse.

tanément, mais *graduellement,* toute la force de projection dont il est susceptible. »

Les explosifs brisants sont donc impropres au chargement des armes. Ils présentent également de graves inconvénients, si on veut les appliquer au chargement des projectiles creux comme les obus. Deux qualités sont requises en effet pour l'éclatement du projectile : sa réduction en fragments d'une certaine grosseur, et la plus grande vitesse possible imprimée à ces éclats.

Or, les poudres brisantes partagent le projectile en fragments trop petits, et possèdent tout d'abord la désastreuse propriété d'éclater souvent dans l'âme de la pièce, vu leur extrême sensibilité au choc initial.

Les circonstances particulières qui font rejeter les poudres brisantes de l'emploi des armes à feu, ne sauraient atteindre en rien les usages des explosifs dans les travaux des mines ou des carrières. Aussi verrons-nous les poudres à base de nitroglycérine employées aujourd'hui dans presque toutes les exploitations souterraines, par la double raison d'économie et de vitesse d'exécution. Nous les retrouverons aussi dans les exploits, plus meurtriers il est vrai, de la guerre maritime, lors de l'explosion des torpilles sous-marines. Si la poudre est restée et restera longtemps encore la souveraine incontestée de l'art militaire, le domaine plus pacifique des travaux d'utilité publique lui est désormais ravi par les explosifs plus puissants qu'a engendrés la chimie moderne

CHAPITRE V

LA POUDRE BLANCHE

§ 1. — Pouvoir oxydant du chlorate de potasse.

Le principe sur lequel repose la force explosive de la poudre noire étant entièrement basé sur l'emploi d'un oxydant énergique, il était tout naturel de chercher à remplacer le salpêtre par des sels de composition et de propriétés analogues, en particulier par le chlorate de potasse dont les principes comburants agissent avec une énergie encore plus considérable que ceux de l'azotate. Des deux corps composants du sel — l'acide chlorique et la potasse — le premier est en effet très-instable et abandonne facilement son oxygène, qui passe aux corps combustibles, et peut former avec eux une somme de gaz nécessaire pour provoquer une détonation puissante.

Frappez violemment avec un marteau un mélange de chlorate de potasse et de soufre, il va se produire une forte explosion. Si on remplace le soufre par le phosphore, la détonation sera plus violente encore.

Projetez sur des charbons ardents du chlorate de potasse, il fuse plus ardemment encore que le salpêtre, parce que l'oxygène provenant de la décomposition ignée du sel réagit sur le charbon incandescent et ravive la flamme.

Si l'on verse quelques gouttes d'acide sulfurique sur un mélange de chlorate de potasse, de soufre et d'une matière végétale facilement inflammable, le lycopode, la masse entière va brûler avec éclat. L'acide sulfurique a mis en liberté l'acide chlorique du chlorate ; l'acide chlorique très-instable s'est décomposé, et son oxygène s'est porté sur le soufre qui, en prenant feu, a enflammé le mélange.

L'inflammation du lycopode n'est qu'un exemple pris au hasard parmi les nombreux feux d'artifice que nous passerons en revue dans le chapitre spécial que nous avons réservé à l'étude de la pyrotechnie.

Le chlorate de potasse entre dans la préparation des cartouches pour fusils à aiguille. Une des compositions usitées consiste dans 16 parties de chlorate, 18 parties de sulfure d'antimoine, 4 parties de poudre de charbon. On humecte le tout avec un peu de gomme ou d'eau sucrée, et on additionne ensuite de 5 gouttes d'acide azotique. Une petite quantité de ce mélange, qui constitue la pastille fulminante, est placée sur la cartouche. Le frottement d'une aiguille d'acier poussée rapidement au moment de la détente, provoque l'inflammation et par suite l'explosion de la cartouche.

Le procédé de préparation du chlorate de potasse est fort simple. Il suffit de faire arriver un courant de chlore dans une dissolution saturée de potasse, pour que, au bout de quelque temps, des paillettes brillantes de chlorate se déposent au fond du vase.

Ce dont nous devons nous rappeler avant tout, c'est que le chlorate de potasse est un sel très-instable, et par suite éminemment oxydant. Cette propriété est suffisante pour que ce sel ait sa place marquée d'avance dans la série des composés détonants.

§ 2. — La poudre Berthollet.

Berthollet expérimenta le premier, vers la fin du siècle dernier, une poudre dont le chlorate de potasse formait l'élément oxydant.

Sa composition était :

Chlorate de potasse	75
Soufre	12,5
Charbon	12,5
Total	100,0

Plus brisante que la poudre ordinaire, la poudre Berthollet détonait facilement par le frottement et par le choc. Ses terribles propriétés ne devaient du reste point tarder à se produire en plein jour. Berthollet faillit lui-même trouver la mort dans une explosion qui coûta la vie à six personnes.

Diverses autres formules ont été proposées depuis pour préparer des poudres au chlorate de potasse.

Kellow et Short, par exemple, veulent se servir d'un

Berthollet

mélange de chlorate de potasse, d'azotates de potasse et de soude, de fleur de soufre et de tannée.

Spence mélange le chlorate avec du bicarbonate de soude, de la fleur de soufre et du charbon.

§ 3 — La poudre blanche.

L'explosif connu sous la dénomination de *poudre blanche*, est toujours une poudre au chlorate de potasse. Augendre lui donna, en 1849, la composition suivante :

Chlorate de potasse. . . . . . 2 parties.
Sucre de canne. . . . . 2 —
Prussiate jaune de potasse. . . 1 —

La poudre blanche possède sur la poudre noire ordinaire l'avantage de produire les mêmes effets en pulvérin qu'à l'état granulé, ce qui rend d'autant plus facile et plus économique sa fabrication. On a malheureusement remarqué qu'elle oxydait fortement les canons de fer; on ne pouvait donc espérer son emploi que pour les armes de bronze ou le remplissage des projectiles creux.

Le motif le plus sérieux qui suffirait à lui seul pour rejeter la poudre blanche d'Augendre est son extrême sensibilité au choc, et même au frottement. Comme la poudre Berthollet, elle possède aussi ses annales dans l'histoire des explosions. Un composé analogue fabriqué à Paris, pendant le siège de 1870, donna lieu à un sinistre des plus désastreux.

§ 4. — Poudres diverses. — Saxifragine.

Une longue série de composés, présentant plus ou moins d'analogie avec la poudre noire ordinaire, basés en tout cas sur le même principe d'oxydation de corps combustibles, et de formation de gaz en quantité plus ou moins considérable, ont été proposés depuis une

vingtaine d'années. La plupart de ces composés avaient
été destinés dans le principe à l'exploitation des mines
et carrières, les inconvénients des poudres brisantes
n'ayant point, dans le chargement et le sautage des
trous de mines, les mêmes déplorables effets que dans
le canon d'une arme à feu.

La simple lecture des formules de ces mélanges mécaniques nous expliquera l'effet explosif que leurs inventeurs pouvaient attendre de chacun d'eux. On remarquera, dans plusieurs de ces composés, la présence
de l'azotate de soude, dont on connaît la propriété
fâcheuse d'attirer l'humidité, enlevant par cela même
à la poudre une grande partie de sa puissance balistique.

POUDRE DE MINE DE DETRET (PYRONOME) :

Azotate de soude 52,5
Soufre. 20
Tannée (tan épuisé). 27,5

POUDRE D'OXLAND :

Azotate de soude purifié. 85
Soufre. 16
Charbon de bois 18
Lignite 20

POUDRE DE SCHWARTZ :

Azotate de potasse.	46,6	56,2
— de soude	26,5	18,1
Soufre.	9,2	9,6
Charbon.	14,7	15
Humidité.	1	1

POUDRE DE BÜDENBERG :

Azotate de soude 40
— de potasse. . . . . . 30 à 58
Soufre. . . . . 12 à 8
Charbon de bois. . . . . . . 8 à 7
Lignite. . . . . 4 à 5
Tartrate de soude et de potasse. 6 à 4

SAXIFRAGINE :

Azotate de baryte   76
 — de potasse   2
Charbon de bois   22

POUDRE NEUMEYER ET KLEIN :

Salpêtre   72
Soufre   10
Charbon de bois   12
Lignite   8

Dans un grand nombre de ces composés, l'industrie a eu pour but d'augmenter le pouvoir explosif du mélange, comparé à celui de la 'poudre ordinaire. Dans certains autres, l'économie de la dépense même a été le mobile principal, et la puissance détonante du composé n'est point supérieure à celle de la poudre fabriquée par l'État.

§ 5. — Résumé.

Les poudres brisantes de la famille des explosifs chloratés semblent être situées au dernier échelon que pourront jamais gravir les poudres *mécaniques* dans la série des corps détonants, dont la composition présente une certaine analogie avec celle de la poudre noire. Au-dessus de ces explosifs déjà sensibles, nous entrons dans le domaine des poudres *chimiques*, à base instable, du genre des picrates ou des composés organiques nitrés.

Nous pensons avoir signalé, dans les quelques chapitres qui précèdent, tout ce qui est indispensable pour une étude sommaire de la poudre à canon. Nous l'avons prise à ses débuts, lorsque, dans des temps déjà lointains, elle était simplement réduite au rôle de composition incendiaire, sans que sa force explosive fût encore connue ; nous l'avons suivie d'étape en étape, à travers les pays les plus divers, jusqu'à ce qu'elle ait introduit dans l'art de la guerre les applications merveilleuses qui nous sont aujourd'hui familières.

Cet historique achevé, nous avons pris séparément chacun de ses trois éléments — salpêtre, soufre et charbon — décrivant leurs propriétés, leurs modes de préparation, le rôle qu'ils jouent dans la composition détonante.

Après avoir détaillé les manipulations usitées pour la préparation de la poudre elle-même, nous avons relaté ses propriétés physiques les plus importantes, montré comment il était possible de comparer entre elles les forces explosives des produits détonants de diverses provenances.

Il ne nous restait plus qu'à énumérer les divers composés plus ou moins analogues ; nous venons de le faire dans ce chapitre. La poudre à canon nous est désormais tout à fait connue. Sans rien oublier du principe que nous ne nous lasserons point de rappeler — la production spontanée d'un volume énorme de gaz provenant de la combustion des éléments associés — nous pouvons dès lors aborder l'étude des explosifs modernes, les picrates, le fulmicoton, la nitroglycérine, et enfin, au-dessus d'eux tous, la dynamite, dont le nom seul, tiré du grec (*dunamis*, puissance), suffirait à nous enseigner le colossal pouvoir fulminant.

LIVRE II

LES NOUVEAUX EXPLOSIFS

CHAPITRE PREMIER

PICRATES ET FULMINATES

§ 1. — La poudre à canon et les explosifs de rupture.

Avec les poudres brisantes, du genre des picrates, fulminates, dynamite et coton-poudre, que de nombreuses explosions, comme celles de la place Sorbonne, le désastre de la poudrerie du Bouchet, et, plus récemment, la destruction du fort de Larmont, nous ont appris à connaître, nous entrons dans le domaine des explosifs organiques.

Dès le commencement de notre étude sur la poudre à canon, nous avons fait remarquer que, en tant que substance chimique, elle n'était qu'un mélange et non une combinaison. Ses éléments — salpêtre, charbon et soufre — sont simplement juxtaposés, chacun d'eux pouvant être séparé mécaniquement, et n'ayant perdu, dans la fabrication du composé détonant, aucune des propriétés physiques qui le distinguent.

Après séparation des trois éléments, le soufre et le charbon n'en sont pas moins les combustibles usuels que nous connaissons; le salpêtre, l'oxydant par excel=

lence, tenant à la disposition de ses deux congénères
l'énorme quantité d'oxygène qu'il renferme dans sa
composition chimique. Dans une poudre mal fabriquée,
trop humide par exemple, ne voyons-nous point le salpêtre s'effleurir à la surface? Le charbon ou le soufre
en excès ne se reconnaissent-ils point, eux aussi, à diverses propriétés extérieures du mélange?

Les poudres que nous avons examinées jusqu'ici peuvent donc être rangées dans la catégorie des poudres
dites *mécaniques*, formées de corps stables par eux-
mêmes, mais incapables de réagir les uns sur les autres en donnant naissance à une expansion balistique
considérable.

Tout autre est le rôle des poudres *chimiques*, formées
de substances peu stables par elles-mêmes, qui, prises
isolément, peuvent faire explosion dans des conditions
convenables. La décomposition de ces corps sous l'influence d'agents extérieurs déjà définis, chaleur, électricité, frottement ou choc, sera donc bien plus rapide,
puisqu'ils sont à l'état de mélange parfait. La déflagra-
tion sera plus vive, la poudre plus brisante. Tels le
fulmi-coton, les picrates et fulminates, la nitroglycérine.

Nous savons déjà que ces composés explosifs ne peuvent guère être employés dans les armes à feu, leur
combustion trop vive détériorant le canon de l'arme,
ou déterminant même, dans le cas où ils servent au
chargement des obus, l'explosion du projectile creux
dans l'âme de la pièce. Cette puissance d'explosion,
cette *force*, pour employer un terme vague, mais qui
rend cependant bien la pensée commune, nuisible au
plus haut degré dans les armes, devient en retour une
précieuse propriété dans l'application de quelques-uns
de ces corps détonants aux usages industriels, l'exploitation des galeries souterraines, mines, carrières, tunnels, perforés dans des roches dures, ou encore dans

l'art militaire, pour le sautage des obstacles, ponts, viaducs, murs, palissades, et surtout pour l'explosion de ces engins sous-marins, qui ont acquis dans les guerres navales une renommée si terrible, les torpilles.

En somme, les poudres mécaniques, ou relativement lentes, sont des *explosifs balistiques ;* les poudres chimiques sont des *explosifs de rupture.*

Deux classes bien tranchées dont nous avons déjà signalé les avantages ou les inconvénients, les premiers propres à la guerre, les seconds à l'industrie.

La poudre noire représente ceux-là, et il est peu probable qu'elle soit jamais détrônée ; la dynamite et le fulmi-coton caractérisent de leur côté la famille des poudres *brisantes* ou de rupture.

§ 2. — Poudre au picrate. — Explosifs Fontaine, Dessignole, Brugère ou Abel. — Accident de la place Sorbonne.

La base des poudres au picrate est l'acide picrique, connu autrefois sous le nom d'*amer d'indigo*, tel qu'il fut découvert, en 1788, par un chimiste de Mulhouse. Son nom d'acide picrique (dérivé de *picros*, amer) lui fut donné seulement en 1809 par Chevreul, qui reconnut ses propriétés acides.

L'acide picrique est fabriqué aujourd'hui en grand pour la teinture, par la réaction de l'acide azotique sur le phénol ou acide carbolique, produit dérivé de la houille.

En dehors de ses propriétés explosives, l'acide picrique ou carbazotique est surtout connu comme substance tinctoriale d'une énergie extrême. Un gramme d'acide picrique, qui se présente sous la forme d'une matière cristalline jaune, suffit pour teindre un kilogramme de soie !

A la fin du siècle dernier déjà, on avait reconnu que

l'acide picrique pouvait détoner avec violence vers la
température de 500°. Ses sels sont également très-ex-
plosifs, et donnent des composés d'une puissance détonante extrême, si on les mélange avec des oxydants
énergiques, tels que, par exemple, le salpêtre ou le
chlorate de potasse.

La *poudre Fontaine*, qui occasionna en 1869 le terrible accident de la place Sorbonne, est formée de parties égales de picrate et de chlorate de potasse. Ce
mélange, comme l'a montré la terrible catastrophe que
nous venons de rappeler, est d'une sensibilité extrême
au choc ou au frottement; il peut au besoin remplacer
le fulminate dans la fabrication des amorces.

Mélangé au salpêtre et au charbon, le picrate de potasse donne la *poudre Dessignole*. Mélangé au salpêtre
seul, on obtient un explosif très-brisant utilisé dans le
chargement des torpilles. L'adjonction du chlorate at-
ténue le pouvoir de rupture du composé binaire, et le
rend propre au chargement des projectiles creux.

Les poudres pour torpilles et projectiles recevraient
alors les compositions suivantes :

| | TORPILLES | | POUDRE A CANON | | |
| | | | ORDINAIRE. | | GROS CALIBRE. |
	A	B	C	D	E
Picrate de potasse. .	55	50	16,4	9,6	9
Charbon.	»	»	9,2	10,7	11
Salpêtre	45	50	74,4	79,7	80
Totaux. . . .	100	100	100	100	100

Explosion de la poudre Fontaine, à la place Sorbonne (1869).

Le picrate d'ammoniaque mélangé au salpêtre a donné naissance à la *poudre Brugère* ou *Abel*. Comme les composés de la même famille, ces explosifs sont trop brisants, et les pièces à feu seraient rapidement mises hors de service par leur emploi.

La théorie de la combustion des picrates et du développement de leur puissant pouvoir explosif s'explique d'une manière absolument identique à celle que nous avons déjà mentionnée lors de l'étude de la poudre à canon.

Sous l'action d'agents extérieurs, tels que la chaleur, l'électricité, le choc et le frottement, le picrate se décompose et le produit de la combustion est représenté par un énorme développement de gaz, parmi lesquels l'azote et l'acide carbonique. Les picrates renfermant toutefois, d'après leur composition chimique, un excès de carbone, ce que montre suffisamment leur formule $C^{12}H^2R(Az.O^4)^5O^2$, et cet excès de carbone n'étant point utilisé dans l'explosion, il est utile, pour retirer toute la puissance expansive gazeuse du picrate, de le mélanger avec des corps oxydants tels que le salpêtre (poudre Dessignole ou Brugère) et le chlorate de potasse (poudre Fontaine).

En résumé, les picrates, malgré leur pouvoir explosif considérable et malgré les ingénieuses recherches auxquelles ils ont donné lieu, ne semblent point, vu leur peu de sensibilité, devoir prendre rang parmi les corps détonants d'un usage répandu. Les terribles catastrophes qu'ils ont engendrées ne sont point faites pour leur concilier la faveur publique ; leur rôle semble devoir se maintenir dans des limites restreintes, en présence surtout des récents progrès des deux explosifs aujourd'hui usuels, le fulmicoton et la dynamite.

Les fulminates sont surtout connus par leur emploi
dans la fabrication des capsules et dans celle des amorces fulminantes destinées à provoquer la détonation des
cartouches de dynamite et de fulmicoton.

Les *pois fulminants*, l'*araignée fulminante* qui détone
lorsqu'on veut l'écraser, ces jouets favoris des écoliers
tapageurs et des amateurs de « bonnes farces », contiennent du fulminate d'argent, plus explosif encore
que le fulminate de mercure des capsules.

Pour préparer les *pois fulminants*, on introduit dans
une petite perle de verre, de la grosseur d'un pois, du
fulminate d'argent humide, on enveloppe la perle d'un
morceau de papier brouillard et on laisse sécher. Les
perles font explosion lorsqu'on les jette brusquement à
terre ou lorsqu'on les écrase avec le pied.

Les *cartes fulminantes*, les *bonbons chinois*, se prépa-
rent de la même façon. Une parcelle de fulminate d'argent est collée, avec quelques grains de verre pilé ou de
sable, entre deux bandes de parchemin. Si vous tirez en
sens contraire les deux bandes de papier, le frottement
des grains de verre contre le fulminate détermine l'explosion.

Aussi, n'était-ce point en principe une blâmable idée
que celle de cet opticien qui avait songé à mettre le
fulminate au service de notre police privée. Collez en effet
sur votre porte, avant de vous mettre au lit, une bande
de papier fulminaté, dans le genre de celle qui fait
l'ornement des *bonbons chinois;* si un voleur indélicat
songe à s'introduire dans votre domicile, la rupture du
papier explosif le dénoncera brusquement à votre solli-

citude. La vertu trouve rarement sa récompense. Non-
seulement notre opticien n'y fit point fortune, mais
son dévouement à l'intérêt général lui coûta l'existence,
qu'il perdit tristement dans la préparation de son
dangereux piége.

Le *fulminate d'argent* se présente sous la forme de
petites aiguilles blanches, opaques, de saveur métallique, très-vénéneuses. A la lumière, il noircit en dégageant de l'azote et de l'acide carbonique. La chaleur,
le moindre frottement, l'étincelle électrique, le décom-
posent aisément. Humide, il est assez maniable, mais il
faut s'en servir avec les plus grandes précautions lorsqu'il est sec. On use d'habitude, dans le maniement du
terrible explosif, de couteaux de bois et de cuillers de
papier. Il détone plus violemment encore que le fulminate de mercure, et émet alors une lumière rouge-ce-
rise avec liséré bleu.

Le *fulminate de mercure* est à coup sûr le plus important des fulminates. Découvert en 1800 par Howard, ce
qui lui valut son nom de *poudre de Howard*, il cristallise
en fines aiguilles, douces au toucher, d'un goût métallique fade. Quand il est sec, on doit le manier avec
beaucoup de précautions, comme son collègue le fulminate d'argent. Pour le préparer, on fait agir l'alcool
sur l'azotate de mercure. Le fulminate d'argent se prépare du reste de la même manière, en remplaçant le
sel de mercure par le sel du métal correspondant.

Le zinc, le fer, le cuivre, divisés et bouillis avec l'eau
et le fulminate de mercure, donnent des fulminates correspondants de cuivre, de fer et de zinc. Le fulminate
d'argent peut également être préparé de cette dernière
manière, en faisant bouillir l'argent divisé avec la *poudre de Howard*.

§ 4. — Fabrication des capsules et des amorces fulminantes

Le fulminate de mercure pur n'est point employé à la confection des amorces, malgré qu'on puisse sans danger le manier, lorsqu'il renferme 30 pour 100 d'eau. On le mélange le plus souvent avec moitié de son poids de salpêtre; on humecte le mélange de 10 à 15 pour 100 d'eau, et on le broie sur une table avec une molette en buis. La bouillie humide est desséchée sur un double en papier, puis granulée à l'aide d'un tamis de crin. On étend les grains sur du papier, on les dessèche dans des caisses en bois à bords peu élevés, et on les recouvre ensuite avec une dissolution de mastic dans l'essence de térébenthine.

Les capsules étant de leur côté préparées avec du cuivre mince, et le plus souvent fendues sur les côtés afin qu'elles ne se déchirent point pendant l'explosion, on fixe au fond de la capsule la pastille de fulminate au moyen d'une solution de résine dont on la recouvre à l'extérieur, afin d'éviter l'humidité.

Un kilogramme de mercure suffit pour charger près de 60 000 amorces de chasse ou 40 000 capsules ordinaires.

Les amorces ne sont point exclusivement fabriquées avec du fulminate de mercure. Les amorces des fusils à aiguille prussiens sont formées, par exemple, avec un mélange de chlorate de potasse et de sulfure d'antimoine, ainsi répartis :

Chlorate de potasse	52
Sulfure d'antimoine	48
	100

Les *étoupilles* (amorces pour les canons) contiennent

comme corps fulminant une poudre au chlorate, ainsi
qu'une certaine quantité de poudre de chasse.

Renfermée autrefois dans l'application des capsules
destinées aux armes à feu, la fabrication des amorces
fulminantes a pris une extension considérable, depuis
l'introduction dans les travaux publics des explosifs
nitrés. La détonation de la dynamite ou du coton-poudre est bien plus vive en effet, lorsqu'elle est provoquée
par une détonation auxiliaire, qui n'est autre que celle
d'une amorce au fulminate. Quiconque a vu provoquer
l'explosion d'un trou de mine au moyen d'une cartouche de dynamite, a pu remarquer que l'inflammation
de l'explosif était déterminée, non par la combustion
d'une simple mèche, mais par la détonation d'une capsule
enfoncée dans la cartouche, au-dessus de laquelle est
tassé le bourrage.

Les amorces affectées aux explosifs sont toutefois plus
chargées en fulminate que les capsules des armes à
feu. La détonation de la nitroglycérine et d'une dynamite sèche exigent une charge de 10 centigrammes; la
dynamite ordinaire 20 centigrammes; le fulmicoton
tassé à la main, les picrates, 40 centigrammes; le
coton comprimé, 60. La charge minima pour un fulmicoton très-sec est de 55 centigrammes.

Aux picrates et aux fulminates, dont l'emploi est
déjà restreint, et qui ne doivent guère, pour ainsi dire,
être classés dans la catégorie des explosifs usuels,
nous pourrions encore joindre les deux corps si connus
en chimie; les chlorure et iodure d'azote.

Qui ne se rappelle l'expérience classique de nos premières années de laboratoire? Si on ajoute de l'iode en
poudre dans un petit volume d'ammoniaque, il se dépose sur le filtre un corps noirâtre qui, desséché, est
extrêmement détonant. Une simple boule de papier
froissé jeté sur le filtre étendu à terre provoque l'ex-

plosion, avec vapeurs violettes d'iode. C'est *l'iodure d'azote*.

Cet iodure d'azote n'a du reste aucun emploi pratique. Nous ne nous arrêterons donc pas plus longtemps à la description de ses propriétés, ayant hâte d'aborder les deux véritables rivaux de la poudre noire, la dynamite, et avant elle, par ordre chronologique, le coton-poudre ou fulmicoton.

CHAPITRE II

LE FULMICOTON.

§ 1. — Le collodion. — L'ivoire et le corail artificiel.

De tous les explosifs que nous nous sommes donné mission d'étudier, le fulmicoton ou coton-poudre est peut-être celui dont l'usage est le moins familier. Chacun a manié plus ou moins de poudre de chasse, de guerre ou de mine; les capsules et par suite le fulminate qu'elles contiennent sont d'un usage vulgaire; la dynamite, que nous allons bientôt voir à l'œuvre, est généralement connue des ouvriers mineurs. Seul, le fulmicoton, dont le nom indique cependant la provenance si simple, n'a point encore franchi le cercle des connaissances techniques ou militaires. Il n'est guère employé, que nous sachions, dans les exploitations industrielles, et ses applications à la guerre sont elles-mêmes restreintes à des engins qui, comme les mines sous-marines, n'apparaissent que de loin en loin, aux époques des grandes luttes fratricides, aux yeux émerveillés du public.

Si le corps détonant lui-même est d'une véritable rareté, nous le possédons, par contre, presque chaque jour entre nos mains, sous une forme plus pacifique il est vrai.

Le *collodion*, dont on se sert aujourd'hui, en place du taffetas d'Angleterre, pour couvrir les coupures, n'est autre qu'une dissolution de coton-poudre dans l'éther. Cette dissolution affecte une consistance sirupeuse. Si on humecte la peau d'une mince couche de collodion, il se forme vite, par l'évaporation de l'éther, une pellicule solide imperméable, complétement inattaquable à l'eau.

Qui ne connaît l'emploi du collodion en photographie? Sensibilisé dans un bain de nitrate d'argent, il reçoit, sur la plaque de verre du photographe, l'épreuve négative ou *cliché* qui servira au tirage du portrait ou de la vue pittoresque que l'artiste se sera proposé de reproduire.

Plus récemment, quelques-uns de nos lecteurs ont peut-être possédé certains bijoux, voire même des billes de billard, de provenance américaine, simulant parfaitement l'ivoire. Cet *ivoire artificiel*, éminemment plastique et susceptible d'un beau poli, est un mélange de camphre et de fulmicoton. Les principes constitutifs de cette substance rendent son emploi extrêmement dangereux. La flamme d'une allumette suffit pour provoquer l'inflammation de votre broche ou de vos boutons de manchettes. Si vous jouez au billard, et qu'il vous arrive de laisser tomber une étincelle sur votre bille, quel ne sera pas l'étonnement des spectateurs en voyant flamber l'ivoire, en même temps qu'il se dégagera une fumée noire et lourde!

Le *corail artificiel*, blanc ou coloré, possède la même

origine que le dangereux ivoire. Nous n'étonnerons personne en mentionnant que la fabrique installée à Rewark (New Jersey), et qui exportait ses produits en Europe, vient d'être complétement détruite par une explosion. La confection des bijoux en fulmicoton avait pris une extension assez considérable pour que les pertes matérielles résultant du sautage de l'usine ne soient pas évaluées à moins d'un million de francs. Billes de billard, coraux et autres bijoux étaient désignés aussi sous le nom plus scientifique de *celluloïde*, en souvenir de leur principe détonant, le fulmicoton, obtenu, comme nous le verrons, par l'action de l'acide azotique sur la cellulose.

Bien peu d'explosifs auront été aussi mal partagés que le fulmicoton, dès le début des expériences qui tendaient à faire de lui un corps usuel dans la guerre et dans l'industrie.

Découvert par le chimiste bâlois Schönbein, en 1846, il fut tout d'abord considéré comme l'explosif de l'avenir; les savants se mirent avec ardeur à l'étude d'un composé qui promettait d'être à la fois, pour l'heureux inventeur qui trouverait le moyen de le rendre d'un maniement facile, une source de gloire et de richesse.

L'industrie, considérant les faibles résultats obtenus par la poudre noire comparés à la puissance du nouveau détonant, avait les yeux sur lui. L'art militaire pressentait dans le fulmicoton un destructeur d'une force autrement séduisante que l'antique poudre noire.

Parmi ceux qui se mirent résolûment à l'étude du coton-poudre, citons d'abord le général Lenk, que les premières explosions, survenues environ une année après la découverte de la nouvelle substance, en Angleterre, chez M. Hall, en France, à la poudrerie du Bouchet, n'avaient point su décourager. L'audacieux chimiste croyait même être arrivé au terme de ses laborieuses expériences, en trouvant la méthode de confection d'une cartouche explosible et stable; le gouvernement autrichien avait même résolu de former 5 batteries d'artillerie spéciales au fulmicoton, lorsque la terrible catastrophe des magasins de Wiener Neustadt (faubourg de Vienne) vint mettre un terme à tous les projets d'avenir basés sur l'intraitable matière.

Étudié de nouveau et transformé par Abel, le coton-poudre semblait prendre un sérieux essor, lorsque l'explosion de Stow Market, en 1871, vint jeter encore sa note lugubre au milieu d'essais qui méritaient cependant mieux qu'une désastreuse série de revers. L'éminent chimiste anglais n'a toutefois point abandonné son étude favorite. La nitroglycérine, avant d'arriver à être produite sous la forme de dynamite inoffensive, n'a-t-elle point eu, elle aussi, ses terribles débuts?

§ 2.— Propriétés et préparation du fulmicoton. — Le coton-poudre comprimé. — Expériences d'Abel sur le fulmicoton humide.

Le fulmicoton rentre, comme la nitroglycérine, dans la série des explosifs azotés qui s'obtiennent par l'action de l'acide azotique sur les matières organiques, coton, papier, ligneux, amidon, et enfin glycérine. Laissé en contact plus ou moins prolongé avec ces substances, l'acide azotique donne : avec le coton, le *fulmicoton*, *coton-poudre* ou *pyroxyline;* avec l'amidon, la *xyloïdine;* avec la mannite, la *nitromannite;* avec la canne à sucre, la canne nitrée ou *vigorite;* et enfin avec la glycérine, la *nitroglycérine*, tous composés d'une puissance extrême.

Le coton explosible a l'aspect du coton ordinaire, dont on ne le distingue du reste qu'à la rudesse du toucher. Il brûle avec une telle vitesse, que si on enflamme du fulmicoton placé sur un lit de poudre ordinaire, la poudre reste intacte ; la combustion s'est opérée sans que le coton-poudre laisse aucun résidu.

Est-il besoin de rappeler que, comme pour la poudre noire, les picrates, les fulminates, la force explosive du coton nitré repose sur le dégagement des gaz de l'explosion, acide carbonique, oxyde de carbone et azote? Ceci est un principe vrai pour toutes les poudres détonantes, et que nous aurons encore occasion de rappeler pour la nitroglycérine.

Comme en témoignent de nombreux sinistres, la fabrication du fulmicoton présente de grands dangers. On l'obtient en faisant agir un mélange à volumes égaux d'acides sulfurique et azotique sur du coton cardé provenant de filatures, et préalablement débarrassé des matières grasses qu'il peut renfermer. A la poudrerie du Bouchet, l'imbibition du mélange durait une heure. Lorsque le coton est suffisamment imbibé, on le retire, on l'exprime à la presse pour enlever l'excès d'acides, on le lave à l'eau courante, on le presse de nouveau, et on le traite avec une lessive obtenue avec des cendres. Après l'avoir lavé et pressé une dernière fois, on le sèche enfin dans un courant d'air froid, et il est alors passé à l'état de fulmicoton ou coton explosif.

Les procédés suivis autrefois par le général Lenk, ceux en usage à la poudrerie anglaise de Stow-Market et à l'arsenal de Woolwich, ne diffèrent de ce résumé sommaire que par les détails de fabrication exigés par les chances d'accident auxquels est soumise à chaque instant cette dangereuse fabrication.

Depuis ces dernières années, et d'après les résultats obtenus par Abel, on comprime le fulmicoton, et il acquiert ainsi une consistance telle, qu'il pourrait être travaillé au tour. Pour cela, dès qu'on l'a obtenu en fibres, il est réduit en pulpe dans des moulins broyeurs et ensuite en une pâte semblable à de la pâte de papier, qui est soumise à la presse hydraulique. Il peut ainsi prendre la forme de gâteaux ou de cartouches. Les rondelles de coton-poudre comprimé sont d'ordinaire trouées au centre, de sorte qu'elles peuvent être enfilées les unes au bout des autres, et espacées à distance voulue, lorsqu'il s'agira par exemple de provoquer le sautage d'un mur ou d'un ouvrage quelconque. Les cartouches sont également munies d'une petite chambre, destinée à recevoir l'amorce de fulminate qui termine la mèche à feu.

Ainsi préparé, le fulmicoton est un explosif de la plus grande énergie, et sa réputation grandirait à l'égal de celle de la dynamite, si ses précieuses propriétés n'étaient contre-balancées par une déplorable instabilité. Il se décompose en effet sous l'influence d'actions complexes et mal connues, parmi lesquelles la chaleur et la lumière. La décomposition peut se faire lentement entre 60 et 100°, mais l'inflammation est certaine au-dessus de 150°. Il est probable que, dans des masses de coton-poudre, comme celles renfermées par exemple dans des poudrières, la décomposition d'une partie impure entraîne l'explosion du dépôt tout entier. L'influence de la chaleur semble vérifiée par le fait de l'explosion d'une petite cartoucherie située dans le bois de Vincennes, qui avait été fortement exposée aux rayons solaires.

Les nouvelles expériences de M. Abel sur le mode de détonation du coton-poudre humide, semblent cependant avoir supprimé tout danger d'explosion, lorsque la substance explosive contient une certaine proportion d'eau. Si nous prenons, par exemple, du coton-poudre renfermant 10 pour 100 d'eau, et que nous y ajoutions une cartouche de coton sec munie d'une capsule à fulminate, la masse entière détone avec autant de violence que si elle n'était point imprégnée d'eau.

Avec 30 pour 100 d'eau, l'inflammation du coton-poudre devient très-difficile. Si le coton est noyé, on ne
peut plus l'obtenir. Mais si nous faisons congeler ce
coton noyé, et que nous fassions détoner dans le voisinage une cartouche de fulminate, l'explosion de la
masse se produira avec une grande violence.

Nous pouvons aller plus loin encore et supprimer
même la congélation. L'eau dans laquelle le coton est
noyé est versée dans un obus qu'on remplit complètement. Si on adapte une cartouche sèche de coton, dont
on provoque la détonation, les vibrations se transmettent
au coton délayé par l'intermédiaire de l'eau emprison-
née, celui-ci détone et fait éclater l'obus. Dans ces conditions, 7 grammes de coton-poudre produisent, suivant M. Abel, autant d'effet que 368 grammes de poudre
noire.

§ 3. — Le fulmicoton dans l'art militaire et dans les travaux
publics.

Le fulmicoton, pas plus que les picrates et fulminates,
n'a pu, jusqu'à ce jour, être employé dans les armes à
feu. Les canons de fusil qui supportent 50 grammes de
poudre éclatent avec 7 grammes de fulmicoton. Avec
une charge de 2 gr. 86, les fusils sont mis hors d'usage
après 500 coups, tandis qu'il en faut 25 à 30 000 avec
la poudre noire ordinaire. Le tir en sus est très-irrégulier,
et les balles sont déformées lorsque la charge excède
5 grammes.

Pour remédier à cet inconvénient capital, M. Abel
propose de mélanger le fulmicoton à d'autres substances non explosibles, le coton ordinaire par exemple. Ce
moyen a été employé, paraît-il, avec beaucoup de succès, par M. Prentice pour la préparation de cartouches
pour la chasse.

Le fulmicoton serait peut-être d'un emploi avanta-
geux pour le chargement des projectiles creux, bien
qu'il y ait à craindre, comme nous l'avons déjà fait remarquer, l'explosion du projectile dans l'âme même de
la pièce. Par contre, le coton-poudre sera un explosif
précieux pour le chargement des torpilles, la sensibilité
à l'explosion étant la première qualité requise pour
l'agencement des ces engins de la guerre maritime.

La production considérable d'oxyde de carbone qui
suit la détonation du coton-poudre n'est point faite pour
lui assurer une grande consommation dans les travaux
souterrains. Tandis que la poudre ordinaire donne
4 p. 100 environ d'oxyde de carbone, le coton nitré en
fournit en effet 50 p. 100 du volume gazeux dégagé.

A ces inconvénients déjà multiples, le coton-poudre
joint encore celui d'un prix très-élevé, ce qui le ferait
rejeter par toute exploitation dans laquelle la célérité
d'exécution n'est point regardée comme d'une importance
extrême. Ce dernier cas se présenterait pour le creusement des longues galeries, telles que les tunnels transalpins du Mont-Cenis et du Gothard ; mais la dynamite
semble avoir conquis pour longtemps encore ce domaine
spécial. Depuis l'ouverture des travaux du grand tunnel du Gothard, qui mesure environ 15 kilomètres de
longueur, on a déjà employé près de 800 000 kilogrammes de dynamite, sans qu'on ait seulement songé à essayer une cartouche de fulmicoton.

L'avenir lui est toutefois ouvert, et, après les péni-
bles recherches des savants qui se sont ardemment
voués à son étude, nous serions mal venus à le condam-
ner sans appel.

CHAPITRE III

LA NITROGLYCÉRINE

§ 1. — Les premiers pas de la nitroglycérine. — Désastres du navire l'*European*, de Bremerhafen et du fort de Larmont.

Dans le courant d'avril 1866, un navire anglais, l'*European*, arrivait à Aspinwall avec soixante-dix caisses de *glonoïn oil*, substance inconnue alors en Amérique. Les ouvriers de service sur le port s'apprêtaient à décharger ces colis d'un nouveau genre, lorsque éclate une formidable explosion. Le sol tremble comme agité par une puissante commotion souterraine, et c'est seulement lorsque l'énorme colonne de feu et de fumée s'est évanouie, que les assistants peuvent se rendre compte de l'horreur du désastre. Le navire et sa cargaison ne sont plus que des épaves flottantes. Çà et là, des cadavres horriblement défigurés, des membres détachés et sanglants, jonchent le sol. L'entrepôt des marchandises du chemin de fer s'est effondré, le débarcadère en bois est détruit. Une soixantaine de personnes disparues, un million de dollars perdus dans le sinistre, tel est le bilan que laissent après leur explosion les soixante-dix caisses de *glonoïn oil* de l'*European*.

Quelques jours après, une vingtaine de passants tombaient broyés dans la rue la plus fréquentée de San Francisco. En novembre 1865 déjà, la rue Greenwich de New-York avait été le théâtre d'une tragédie non moins lugubre, causée, comme celle de San Francisco, par l'explosion de l'huile détonante.

Justement émus, le Sénat et la Chambre américaine

décrètent la prohibition du transport de la dangereuse substance sur les véhicules, bateaux à vapeur, voitures, vaisseaux ou wagons recevant des voyageurs, sous peine d'une amende de cinq mille dollars. Dans le cas d'infraction à la loi, et d'explosion suivie de mort, le transporteur était déclaré coupable de meurtre volontaire, et puni d'un emprisonnement qui ne devait pas être de moins de dix années.

Les sinistres se renouvellent en Angleterre, en Belgique, en Suède, et les gouvernements européens, à l'exemple des Chambres américaines, interdisent le transport et l'emploi du terrible explosif.

Au mois de décembre 1875, le navire *la Moselle* se disposait à quitter le port de Bremerhafen, à destination de New-York. Déjà la cloche avait appelé les passagers à bord. Le quai près duquel le steamer était amarré était couvert de monde, parents, amis des embarqués. Au dernier moment arrive encore un fourgon du Lloyd chargé de colis, enregistrés comme bagages. Les portefaix n'ayant point une minute à perdre, déchargent brusquement les colis retardataires. Tout à coup, comme dans le sinistre de l'*European*, une épouvantable détonation retentit, soulevant à une hauteur prodigieuse une épaisse colonne de poussière, enlevant fourgons, coffres, chevaux, projetant au loin des lambeaux de chair arrachées aux victimes. Un trou profond de cinq à six pieds marque la place de l'explosion. Tout autour, dans un rayon de cent cinquante mètres, gisent les cadavres mutilés. Le pont de la *Moselle* est jonché de débris humains. Les matelots racontèrent qu'au moment de l'explosion, le navire avait craqué comme s'il donnait sur un écueil.

Plus de soixante personnes périrent dans la catastrophe de Bremerhafen. Nitroglycérine ou dynamite, enfermées dans une sorte de machine infernale destinée à faire sauter le navire une fois en mer, la cause du désastre est toujours la *glonoïn oil*, qu'elle soit libre ou mélangée en certaines proportions avec un absorbant inerte qui lui donne l'extérieur de la dynamite.

Récemment encore, le 18 janvier 1877, pendant qu'on procédait, dans la cour du fort de Joux, au transbordement de tonneaux d'une substance nommée *mataziette*, sorte de dynamite, saisie en contrebande à son entrée en France, une terrible détonation ébranle les murailles du fort, laissant après elle une dizaine de morts et des ruines amoncelées.

Nous pourrions continuer cette lamentable énumération, faite tout entière de catastrophes sanglantes. Mais le martyrologe est déjà assez complet, pour que nous ne doutions point de l'infernale puissance de la substance chimique qui, soit par elle-même sous le nom de *glonoïn oil*, soit par ses divers composés, conduit à de si effroyables désastres.

Destruction de l'*European* à Aspinwal, sinistres de San-Francisco, de New-York, de Vorcester, de Quénast, de Bremerhafen, ou du fort de Larmont, ont été provoqués par la *nitroglycérine*, huile explosive qui forme la base active de la *dynamite*.

§ 2. — Propriétés et préparation de la nitroglycérine.

Rentrant, comme le fulmicoton, dans la série des composés nitrés organiques, la nitroglycérine s'obtient d'une manière absolument analogue. Lorsque nous avons voulu fabriquer le coton détonant, nous avons fait agir l'acide nitrique sur le coton; si nous remplaçons ce dernier corps par la glycérine, nous obtiendrons la *nitroglycérine* ou *huile explosive*.

Découverte en 1847 par Sobrero, moins d'une année
après l'annonce du fulmicoton par Schönbein, la nitroglycérine fut considérée pendant longtemps comme un
simple produit de laboratoire. Elle ne devait prendre

Destruction d'écueils sous-marins par la nitroglycérine. — Creusement
des trous de mines par les scaphandres.

rang parmi les véritables matières explosibles qu'après
qu'un ingénieur suédois, Nobel, eut reconnu la propriété
que possède une amorce de fulminate de mercure, de
provoquer la détonation d'une masse entière, en faisant
explosion soit au contact, soit au voisinage immédiat.

A partir de 1863, la nitroglycérine est implantée dans les travaux d'art. L'exploitation des mines, celle des tunnels, le sautage des roches dures, en consomment des quantités considérables, et les services qu'elle rend à la cause commune compensent largement les accidents terribles que nous avons signalés.

A l'état de pureté, la nitroglycérine se présente sous la forme d'un liquide huileux. incolore si la glycérine est blanche, brun si la glycérine est colorée, inodore. Si on en met une goutte sur la langue, la saveur est d'abord sucrée, puis brûlante. Elle est très-peu soluble dans l'eau, mais l'alcool méthylique ou *esprit de bois* la dissout à 36°; cette propriété a été utilisée par Nobel pour parer aux accidents qui suivent le transport et le maniement de la redoutable substance.

Chauffée brusquement à 180°, la nitroglycérine fait explosion.

Si on la soumet à un choc violent entre deux corps durs, elle explose violemment. Une goutte de nitroglycérine écrasée sur une enclume produit déjà une détonation très-appréciable.

Les effets physiologiques de la nitroglycérine ne sont pas moins violents que ses propriétés physiques. Il suffit d'être entré dans une fabrique de dynamite et d'avoir séjourné, fût-ce un temps très-court, dans les baraques où se fabrique la nitroglycérine, et même dans les cartoucheries où se manipule la dynamite, pour avoir éprouvé la désagréable impression d'un violent mal de tête, souvent accompagné de nausées; des doses un peu fortes provoquent le vertige. De très-fortes quantités peuvent amener la mort. Toutefois, l'organisme s'habitue vite aux effets délétères de la nitroglycérine; les ouvriers des fabriques de dynamite, les mineurs, ne ressentent plus rien au bout d'un certain temps.

Soumise pendant plusieurs heures à un froid de 15°,

la nitroglycérine s'épaissit sans se congeler ; elle se
prend en une masse cristalline si on la maintient à une
température de 0⁰ pendant un certain temps.

La préparation de la nitroglycérine est contenue tout
entière dans la fabrication de la dynamite, que nous
allons retracer dans un prochain chapitre. L'opération
effectuée en grand dans les fabriques Nobel, ne diffère

Destruction d'écueils sous-marins par la nitroglycérine.
Explosion du rocher.

point en somme du procédé qui fut suivi pendant plusieurs années aux carrières de pierres de la Zorn (Haut-
Rhin), procédé qui fut employé également pendant le
siége de Paris. Le chimiste Kopp le détaille ainsi dans
les comptes rendus de l'Académie des sciences :

Dans un vase en grès entouré d'eau froide, on mélange
une partie d'acide azotique fumant et deux parties d'a-
cide sulfurique aussi concentré que possible. On éva-

pore d'un autre côté la glycérine du commerce, bien exempte de chaux et de plomb, jusqu'à 30 ou 31° R.

On met alors trois kilogrammes du mélange acide dans un pot en grès refroidi par un courant d'eau, et on y ajoute lentement 500 grammes de glycérine. Cette addition doit être réglée de façon qu'un grand échauffement ne puisse jamais se produire, et qu'on ne dépasse point une température de 30°.

Quand toute la glycérine est épuisée, on verse le mélange dans cinq à six fois son poids d'eau, et on agite en tournant.

La nitroglycérine se dépose vite au fond du vase, et on la sépare par décantation. Elle subit alors un lavage à l'eau, et bien qu'elle en sorte encore un peu acide, elle est prête à l'emploi immédiat sur place.

Si elle doit être conservée, on la lave avec une lessive alcaline, jusqu'à ce qu'elle n'accuse plus aucune trace d'acide.

Toutes ces manipulations sont d'une simplicité extrême, à condition toutefois que l'opérateur ait la main sûre et prudente à la fois. La nitroglycérine, après cette série de réactions, possède toutes les propriétés explosives du *glonoïn oil*, dont nous avons décrit les terrifiants exploits. Un chimiste inexpérimenté fera donc bien de s'abstenir d'essais qui pourraient avoir pour lui de désastreuses conséquences.

§ 3. — Force explosive de la nitroglycérine.

De même que pour la poudre noire, les picrates, fulminates, fulmicoton, et en général tous les explosifs que nous pourrions considérer, la puissance détonante de la nitroglycérine réside dans l'énorme développement de gaz que produit la combustion.

Nobel a calculé que 1 volume de nitroglycérine donnait 10 584 volumes de gaz, tandis que 1 volume de poudre en donnait seulement 800. C'est dire que, en volume, la nitroglycérine a 15 fois la force explosive de la poudre. En poids, cette puissance se réduit à 8 fois celle de la poudre, ce qui suffit déjà à nous expliquer la puissance destructive de l'huile détonante.

Les produits gazeux de la combustion sont pour la plus grande part de l'acide carbonique et de l'azote.

Pour les mêmes raisons que celles exposées précédemment lors de l'étude des poudres brisantes aux picrates et chlorates ou au fulmicoton, la nitroglycérine ne saurait être employée dans le chargement des armes à feu ou des projectiles creux. Sa grande sensibilité au choc ou au frottement la fait rejeter de l'exploitation des mines, où nous allons la voir réapparaître cependant avec toute sa puissance, désormais domptée et assujettie aux exigences pacifiques du travail sous la forme inoffensive de *dynamite*.

CHAPITRE IV

LA DYNAMITE

§ 1. — La dynamite, mélange de nitroglycérine et de silice.

Le grand écueil de la nitroglycérine consistait précisément dans cette énorme puissance, cause première de tant de désastres. Serait-il possible de maîtriser cette force, de l'emmagasiner sans danger, de telle façon qu'elle pût être tenue en réserve pour le moment seul où son explosion sera profitable ?

Nobel songea d'abord à utiliser la propriété qu'elle possède de se dissoudre dans l'esprit de bois. La nitroglycérine ainsi dissoute devenait parfaitement innocente, et en étendant d'eau le mélange, elle se séparait sans avoir rien perdu de sa force explosive. Mais cette méthode entraînait des inconvénients de premier ordre. La révivification de la substance dissoute n'était que rarement complète ; en outre, il y avait lieu de craindre que, à la longue, l'esprit de bois, très-volatil, ne laissât son dangereux hôte en liberté, lui rendant par cela même les propriétés funestes que l'on s'était proposé de lui enlever.

Ce ne fut qu'après de longs et patients essais que Nobel parvint à résoudre victorieusement le problème.

L'idée première qui guida ses recherches est simple et ingénieuse — écrit M. Brüll, l'un des plus ardents promoteurs de la dynamite, et comme tel très-compétent en cette matière — retirer à la nitroglycérine sa liquidité, qui est la principale cause du danger qu'elle présente ; la transformer en une matière pâteuse, pouvant s'envelopper dans du papier, s'emballer en caisses, se transporter sans fuir, être heurtée sans que le choc se communique à travers toute la masse, comme cela a lieu dans les liquides. Il a suffi pour cela de faire absorber l'huile explosive par du charbon, de la craie, de la silice, ou toute autre matière pulvérulente capable d'en retenir une forte proportion.

Un flacon de nitroglycérine qui tombe à terre peut, dans certains cas, amener une explosion formidable ; la dynamite se laisse au contraire écraser et projeter même de grandes hauteurs, comme on le ferait du haut d'une paroi de rochers.

Tout le secret de la fabrication de la terrible matière explosive réside donc dans l'absorption, par une matière poreuse susceptible de la retenir, de la nitroglycérine autrefois si redoutable. La proportion d'huile détonante absorbée varie évidemment avec la force qu'on veut donner au produit, l'absorbant ne jouant qu'un rôle d'intermédiaire, d'enveloppe si l'on veut, absolument inerte.

Parmi tous les absorbants spongieux qui se présentèrent à lui, Nobel fit un heureux choix en prenant une sorte de silice, constituée, comme le tripoli, par l'enveloppe fossile d'une variété d'algues, les *diatomées*, et composée par suite d'une innombrable quantité de petites cellules très-solides, comme le serait une ruche minuscule aux cellules infinitésimales.

Cette silice, qui s'extrait à Oberlohe (Hanovre), et qui est connue en Allemagne sous le nom de *kieselguhr*, résiste très-bien à la pression, et retient parfaitement la nitroglycérine liquide. Immédiatement après son extraction, la terre silicée, analysée, contient 50 pour 100 d'eau. Parfois d'un blanc de neige, elle présente souvent une couleur verdâtre ou violette. Desséchée, elle tombe en poussière.

L'analyse montre que la silice d'Oberlohe contient environ 15 à 20 p. 100 de matières organiques et d'eau, et un peu d'oxyde de fer, que l'on reconnaît facilement à la couleur rougeâtre de la terre calcinée dans les fabriques de dynamite.

Sa composition est du reste, d'après les analyses de Schulz et Hanstein, qui portaient sur des terres silicées recueillies dans deux étages différents du dépôt :

	1er ÉTAGE SUPÉRIEUR.	2e ÉTAGE INFÉRIEUR.
Eau	8,431 . .	24,42
Matières organiques.	2,279 . .	
Terre silicée.	87,850 . . .	74,48
Carbonate de chaux.	0,750 . . .	0,54
Oxyde de fer. . . .	0,731 . . .	0,59
Terre argileuse . . .	0,132 . . .	»
	100,182 . . .	99,64

La silice desséchée est très-légère. M. Ehrenberg était parvenu, en débarrassant la silice du sable de quartz, à faire, à la manufacture royale de porcelaine de Berlin, des pierres qui ne pesaient que le dixième d'une ardoise de même grosseur. Le docteur Wicke affirme que la coupole de la célèbre mosquée de Sainte-Sophie de Constantinople est faite avec de la silice de Rhodes. Les pierres flottantes des anciens rentraient probablement dans le même ordre d'idées.

Pour rester dans les attributions spéciales de la silice au transport de la nitroglycérine, nous ferons remarquer que, jusqu'à ce jour, aucune substance inerte n'a joué un rôle d'absorbant qui puisse être comparé à celui de la terre d'Oberlohe. A défaut de la silice allemande qu'elles ne pouvaient naturellement se procurer, les fabriques de dynamite installées à Paris pendant le siège employèrent à tour de rôle le kaolin, le tripoli, le sucre, la cendre alumineuse du boghead; mais aucune de ces substances ne donna les résultats remarquables de la silice choisie par Nobel.

Tout récemment, on a découvert en France, dans le Puy-de-Dôme, des gisements de même nature, formés d'une matière semblable, connue sous le nom de *randanite*.

Les proportions de nitroglycérine absorbée dépendent de la puissance dont on veut doter la dynamite. La dynamite dite n° 1 contient 75 p. 100 d'huile explosive. Les dynamites n⁰ˢ 2 et 3 destinées aux roches moins dures en contiennent une plus faible proportion, mais le mélange explosif ne peut pas, en tout cas, dépasser 80 p. 100 de nitroglycérine, sans que la dynamite obtenue soit exposée à une redoutable exsudation.

§ 2. — Propriétés de la dynamite. — Transport et dégelage
de l'explosif.

Ainsi composée, la dynamite se présente sous la
forme d'une pâte brune, onctueuse au toucher, plastique. Ses effets physiologiques sont identiques à ceux
qui distinguent sa base active, la nitroglycérine : saveur
sucrée, puis vive cuisson, inflammation rapide des mu-
queuses. Gardez-vous donc bien, si jamais vous maniez
de la dynamite, fût-ce par simple curiosité dans la
visite d'une usine, de porter vos doigts aux lèvres sans
les avoir préalablement lavés avec soin.

Les propriétés physiques de la dynamite peuvent évidemment être rapprochées de celles de la nitroglycérine. L'immense pouvoir détonant de cette dernière substance reparaît avec toute son énergie sous l'action de
certaines circonstances extérieures, comme l'inflammation par une amorce de fulminate. Mettez à terre une
cartouche de dynamite, et enflammez-la au moyen d'une
allumette ; elle brûlera simplement avec une belle
flamme rose, et laissera sur le sol un résidu blanchâ-
tre de silice calcinée.

Les chocs, même violents, n'ont point d'action désastreuse sur la dynamite ; de sorte que son transport, si
redouté encore aujourd'hui des Compagnies de chemins
de fer ou de bateaux, peut se faire sans aucun danger.
Nous en citerons un seul exemple que nous avons depuis bientôt cinq années sous les yeux.

L'usine suisse d'Isleten, dont nous allons passer en
revue l'installation dans notre prochain chapitre, est
installée au bord du lac des Quatre-Cantons, à 55 kilomètres environ de l'embouchure nord du grand souterrain du Gothard. La tête sud de la galerie est encore

séparée de l'embouchure nord par toute l'épaisseur du massif montagneux, qui doit être gravi par une route tortueuse et envahie par les neiges pendant les deux tiers de l'année. Or, depuis 1872, cette fabrique a fourni plus de 600 000 kilogrammes de dynamite pour les travaux d'excavation du tunnel, et le transport de cette énorme quantité de substance explosive s'est effectué par des routes bordées de précipices, couvertes en hiver de plusieurs mètres de neige, qui nécessitent la suppression des voitures à roues remplacées par des traîneaux. Partant de l'usine, située à la cote du lac des Quatre-Cantons, soit 427 mètres au-dessus du niveau de la mer, le chargement de dynamite atteint Göschenen, à la cote 1109 mètres (différence d'altitude sur 35 kilom. de parcours : 700 m.), monte le col du Gothard, atteint l'hospice situé à 2100 mètres, et redescend vers l'entrée sud, Airolo, à 1145 mètres au-dessus du niveau de la mer. Soit pour atteindre le sommet du col, soit pour redescendre le versant sud, la voiture a franchi une altitude de plus de 2500 mètres.

Dans ces circonstances difficiles, exposée aux froids les plus extrêmes ou aux chaleurs les plus violentes, en voitures ou en traîneaux, la dynamite n'a jamais montré ses terribles propriétés explosives. Les seules précautions exigées par les autorités du canton suisse d'Uri, sur le territoire duquel se trouvent la fabrique et l'entrée nord du grand passage des Alpes, sont l'adjonction d'un garde spécial à la voiture en dehors du charretier qui la conduit, la défense de stationner dans les villages traversés, l'ordre de marcher constamment au pas, et de munir la voiture d'un signal particulier qui avertisse à temps les autres véhicules de ne point accrocher malencontreusement le char explosif. Ce signal consistait primitivement dans un drapeau noir dont l'effet ne manquait point d'être dans la note lugubre de

l'explosion; on l'a peu à peu remplacé par une
sorte de girouette en fer d'un aspect peut-être moins
pittoresque, mais à coup sûr moins brutal.

La stabilité de la dynamite paraît aujourd'hui assurée.
Les explosions partielles qui se produisent dans les
travaux qui doivent emmagasiner une certaine quantité
de dynamite, sont toujours dues à la fatale imprudence
des ouvriers, qui manient les substances détonantes
sans tenir aucun compte des avertissements qui leur
sont répétés à chaque instant, principalement dans le
dégelage des cartouches pendant l'hiver.

A la température de 7° à 8° en effet, la dynamite
gèle. Elle est alors moins facile à enflammer que la
dynamite molle, et ne peut en outre, comme cette dernière, se mouler exactement contre les surfaces des
trous de mines destinés au sautage de la roche. On la
dégèle alors dans des seaux à double paroi, ou simplement au bain-marie, mais jamais à feu nu.

On ne saurait trop appuyer sur cette dernière recommandation. De combien de désastres n'avons-nous pas
lu le récit, occasionnés tous par cette imprudence in-
compréhensible des mineurs? Le plus souvent, on
dépose, pendant l'hiver, la dynamite dans le hangar
chauffé qui sert d'habitation et en même temps de refuge
pour les outils de travail. La dynamite gèle-t-elle, on
se contente d'approcher les cartouches du feu, parfois
même de les dégeler sur le poêle. Inévitablement, l'explosion se produit, et nous en savons les terribles conséquences.

De nombreuses expériences publiques ont été faites
depuis 1864, époque à laquelle Nobel introduisit la
dynamite dans l'industrie, pour démontrer, en même
temps que l'incomparable puissance de la nouvelle substance explosive, sa parfaite innocuité, et chercher à
vaincre le préjugé qui s'attache encore à son emploi,

malgré les résultats merveilleux qu'on doit attendre d'elle.

Parmi ces expériences, toutes intéressantes à divers titres, nous avons cru utile de citer celles qui se sont faites tout récemment à Genève, en présence d'un grand nombre de personnes compétentes. La relation de ces essais a été dressée d'après les notes de l'éminent professeur génevois Daniel Colladon, membre étranger de l'Institut de France. Sa lecture familiarisera nos lecteurs avec les propriétés et les emplois si divers de la dynamite, depuis l'inflammation simple de la cartouche jusqu'à l'explosion sous-marine d'une torpille.

§ 5. — Relation des expériences relatives à l'emploi de la dynamite, faites à Genève, au confluent de l'Arve et du Rhône, le 30 avril 1876.

Ces expériences furent faites à l'issue d'un cours que M. le lieutenant-colonel fédéral Auguste Pictet de Rochemont avait été appelé à donner aux officiers du canton de Genève, sur les propriétés et l'emploi de la dynamite. L'emplacement choisi était au confluent de l'Arve et du Rhône, au lieu dit la Jonction, que plusieurs de nos lecteurs connaissent certainement. Le directeur de la fabrique d'Isleten, M. Hoffer, dirigeait avec M. Pictet les opérations, qui réussirent toutes à souhait. Nous en donnons une narration sommaire, qui est comme un rappel et un complément des propriétés curieuses que nous avons déjà signalées.

1. COMBUSTION DE DYNAMITE SANS EXPLOSION.

On a enflammé à la main une certaine quantité de dynamite répandue sur le sol, et on a vu cette dynamite brûler lentement, comme aurait brûlé de la sciure de bois légèrement salpêtrée. Il en a été de même pour des cartouches allumées et placées ensuite dans l'eau, où elles se sont éteintes sans produire d'explosion.

2. MÉTHODES D'EXPLOSION.

On a suspendu à une branche d'arbre une cartouche de dynamite dans laquelle on avait introduit une capsule de poudre fulminante dite capsule Nobel ; la dynamite ayant à peu près la consistance du miel coagulé, l'introduction de ces capsules est très-facile. A cette capsule était attachée une mèche anglaise, dite mèche Bickford, longue d'environ 50 centimètres, et dont la rapidité de combustion par rapport à la longueur était parfaitement connue. Au moment où le feu atteignait la capsule, une violente explosion se produisait, et la cartouche disparaissait instantanément.

Dans une autre expérience, on a réuni trois cartouches dont une seule était pénétrée par une capsule Nobel. L'explosion de la cartouche qui contenait celle-ci a produit simultanément l'explosion des deux autres cartouches adhérentes.

Il est à remarquer que, à la suite de ces explosions, la partie la plus voisine du tronc de l'arbre et quelques-unes des jeunes branches ont été décortiquées.

3. INFLUENCE DES CHOCS.

Pour étudier cette influence on a exécuté de nombreuses expériences. On avait installé une espèce de chèvre, munie d'un crochet à déclic, servant à élever les poids de quelques kilogrammes à 8 mètres de hauteur. On a placé sous cette chèvre des cartouches tantôt isolées, tantôt réunies dans une boîte en bois, et on a fait tomber dessus d'abord des pièces de bois, puis de très-grosses pierres, enfin un poids en fonte de 27 kilogrammes. Les cartouches qui recevaient le choc reposaient d'abord sur un plateau de bois, puis sur une pierre, puis enfin sur une enclume. Elles ont été écrasées par la chute des poids que nous venons d'indiquer, sans qu'aucune explosion se soit produite.

Une caisse de commerce contenant sous emballage ordinaire 25 kilogrammes de dynamite, en 10 paquets de 2 kil. 500, soit la valeur d'environ 500 cartouches, a été précipitée de 7 à 8 mètres de hauteur sur le sol préalablement recouvert de grosses pierres. La caisse a été brisée et le contenu répandu sur le sol, sans qu'il y ait eu explosion.

Dans toutes ces expériences le public était tenu à distance, et des remparts de sable accumulé servaient à protéger les expérimentateurs.

Pour démontrer ensuite qu'un choc énergique entre deux corps métalliques peut occasionner l'explosion de la dynamite, on a saupoudré une enclume d'une petite quantité de cette substance. Des coups de marteau vigoureusement frappés à la main produisaient un bruit très-sec comme celui d'une capsule ; à chaque coup de marteau les parcelles de dynamite qui subissaient le choc faisaient seules explosion, et les parties voisines, non atteintes directement, n'y participaient pas.

4. EFFET DES BALLES SUR LA DYNAMITE.

On avait préparé contre une butte en terre trois paquets contenant chacun un kilogramme de dynamite : l'un simplement enveloppé de toile, l'autre renfermé dans une boîte mince en sapin, et le troisième dans une boîte en tôle légère ayant un quart de millimètre d'épaisseur. Ces trois paquets ont successivement fait explosion au premier choc d'une balle de fusil Vetterli tirée à la distance de 25 mètres. Aucun d'eux ne contenait de capsule fulminante. L'explosion peut être attribuée soit à une brusque élévation de température due au choc de la balle, soit à une vibration énergique, soit à ces deux causes réunies.

5. DÉMONSTRATION DE LA FORCE BRISANTE.

A cette série se rattachent un assez grand nombre d'expériences.

Trente grammes de dynamite ont été posés sur une plaque de tôle de 5 à 6 millimètres d'épaisseur. A la suite de l'explosion, elle a été percée d'un trou rond d'environ 45 millimètres de diamètre, dont le bord présentait une bavure du côté opposé à celui sur lequel la cartouche avait été placée.

De gros blocs de meillerie, pierre silicéo-calcaire très-dure, ont été brisés, sans projection, en 3 ou 4 morceaux par l'explosion de 75 grammes de dynamite posés sur ces blocs, sans bourrage.

Un cylindre en fonte, long de 55 centimètres et ayant 39 centimètres de diamètre, avait été percé d'un trou de 11 centimètres de profondeur et 2 centimètres de diamètre. Le bloc a résisté à l'explosion de 50 grammes de dynamite introduits dans le trou et bourrés; mais le trou a été élargi, et son orifice surélevé de quelques millimètres et étoilé suivant huit rayons.

Deux vieux canons en fonte avaient été chargés chacun de 500 grammes de dynamite avec un simple bourrage à l'eau. L'explosion de nos pièces a failli être dangereuse, car plusieurs fragments ont été lancés jusqu'à 600 ou 700 mètres. Il est fort probable que le métal de ces pièces, excessivement anciennes, était déjà plus ou moins désagrégé.

Une série de cartouches, pesant en tout 7 kilogr. et demi, a été placée, à la hauteur de 59 centimètres, contre un mur en très-bonne maçonnerie, haut de 2 mètres, long de 5, et épais de 40 à 45 centimètres. Ce mur a été coupé à l'endroit où s'appuyait la dynamite et renversé tout d'une pièce comme par une poussée irrésistible, sans projection de débris.

Pour démontrer la possibilité de faire rapidement des abatis de gros arbres, par exemple dans le but de barrer une route en cas de guerre, on avait choisi deux frènes parfaitement sains, ayant 56 à 40 centimètres de diamètre. Autour du tronc de l'un de ces arbres, on a attaché, à la hauteur de 40 centimètres au-dessus du sol, un collier formé par 56 cartouches pesant en tout un peu moins de 5 kilogrammes. Le tronc du second arbre avait été percé, à la même hauteur, d'un trou où on a introduit 2 cartouches pesant ensemble 150 grammes. L'explosion a brisé les deux troncs à la même hauteur suivant une section horizontale. Les deux ruptures présentaient à peu près les mêmes caractères ; dans chacun des deux arbres, le bout du tronc ressortant du sol était divisé en lattes concentriques épaisses de 6 à 10 millimètres et séparées par des intervalles de 2 à 5 millimètres. Cette expérience comparative montre que le poids de dynamite nécessaire pour l'abatage est de 18 à 20 fois moindre, si on la place dans un trou foré horizontalement, que si on entoure l'arbre d'un collier de cartouches.

6. EFFETS SOUS L'EAU.

Une torpille chargée de 8 kilogrammes de dynamite a été jetée dans l'Arve. Son explosion a semblé ébranler le sol, et a lancé une forte colonne d'eau jusqu'à 50 ou 40 mètres de hauteur.

Nous sommes désormais suffisamment familiarisés avec la composition, les propriétés et même les usages de la dynamite, pour aborder l'étude de sa fabrication, telle qu'elle est installée à l'usine d'Isleten, sous la direction de notre compatriote et ami M. Hoffer, que nous venons de voir à l'œuvre dans les expériences faites au confluent de l'Arve et du Rhône.

CHAPITRE V

FABRICATION DE LA DYNAMITE

§ 1. — L'usine suisse d'Isleten (lac des Quatre-Cantons).

La dynamite, rappelons-le, est un mélange, en certaines proportions variables avec la force qu'on réserve à l'explosif, de nitroglycérine et d'un absorbant inerte, la silice de Hanovre ou *kieselguhr*, terre poreuse, composée d'infusoires, retenant le liquide détonant à la manière d'une éponge.

La nitroglycérine étant obtenue par l'action des acides sulfurique et nitrique sur la glycérine, et l'acide azotique nécessaire à cette préparation étant fabriqué à l'usine même, on voit que les matières premières tirées du dehors se réduisent, pour la fabrication de la dynamite, à la glycérine, à la silice, et aux deux substances em-

ployées dans la préparation usuelle de l'acide nitrique,
l'azotate de soude et l'acide sulfurique. C'est ce que
nous montrent, du reste, les centaines de touries que
nous rencontrons dès notre entrée dans l'usine, côte à
côte avec les tonnes de glycérine et les sacs de terre
poreuse. Adossés au bâtiment où se prépare l'acide nitrique, les amas blancs et friables de bisulfate de soude,
résidu de la fabrication de l'acide azotique, témoignent
d'une consommation considérable.

En dehors de la fabrication de l'acide nitrique et de
la nitroglycérine, les autres manipulations par lesquelles
passent successivement les corps composants, avant de
former un produit explosif livrable au commerce, sont
purement mécaniques. Elles peuvent se classer de la
manière suivante, si on y joint les deux opérations
principales :

Fabrication de l'acide nitrique ;

Traitement de la silice absorbante ;

Préparation de la nitroglycérine ;

Brassage du mélange de nitroglycérine et de silice,
donnant la dynamite ;

Tamisage de ce mélange ;

Confection des cartouches, leur mise en paquets et
en caisses.

De toute cette série, de manipulations chimiques et
mécaniques, l'opération principale est la *préparation de
la nitroglycérine.*

La méthode employée à l'usine d'Isleten, comme
dans toutes les fabriques Nobel, semble avoir réuni
toutes les conditions d'économie et de sécurité désira-
bles. Dans une première cuve doublée de plomb, où l'on
a préalablement fait arriver le mélange des deux acides,
on verse goutte à goutte la glycérine, jusqu'à ce que
la réaction ait atteint une certaine température, que
l'opérateur lit sur un thermomètre annexé à la cuve.

Le mélange est refroidi artificiellement pendant toute la durée de la nitrification. Cette première opération faite, la nitroglycérine, qui contient alors un excès d'acides, est transvasée dans un second réservoir, où on la laisse reposer le temps voulu; elle se sépare de l'excès d'acides auxquels elle était mélangée. Il ne reste plus qu'à la laver avec beaucoup de soin; on la noie pour cela dans l'eau, et le lavage est activé par un jet d'air comprimé. On vérifie, de temps à autre, le degré de neutralité qu'atteint l'huile explosive, qui n'est transportée hors de la baraque que lorsque le papier de tournesol a démontré qu'elle était parfaitement exempte d'acides et propre à être mélangée à la silice dans les proportions voulues.

Le calcul des équivalents montre que, pour 100 grammes de glycérine, il faudra 250 grammes d'acide azotique et 500 grammes d'acide sulfurique. A cette proportion correspond un rendement théorique de 246 grammes de nitroglycérine; mais, dans la pratique, on obtient au plus 200 grammes de matière explosive.

Les lavages répétés qu'on fait subir à la nitroglycérine, afin de la purger entièrement de l'excès d'acides qu'elle contient, ont pour résultat la perte sèche des acides dilués dans l'eau des cuves. Les récentes recherches de M. Trauzl ont permis d'opérer la révivification de ces acides. On comprendra l'importance de cette opération, qui peut de prime abord paraître secondaire, en songeant que, dans la dernière année d'exploitation des usines Nobel, la quantité d'acides retirés par séparation directe du mélange a été de près de 2 millions de kilogrammes. Le mélange ainsi obtenu contient surtout de l'acide sulfurique, que les fabricants d'engrais peuvent utiliser pour la purification du noir animal. Lorsqu'on aura obtenu un produit plus concentré, il pourra être utilisé à l'usine même pour la fabrication de l'acide nitrique nécessaire à la préparation de la nitroglycérine.

Avant d'être mélangée à la nitroglycérine, la *silice de Hanovre*, qui joue le rôle d'absorbant inerte, est réduite en poudre impalpable. Elle est tout d'abord écrasée sous un broyeur-ramasseur, puis calcinée, et enfin tamisée, soit à la main, soit mécaniquement.

On serait tenté de croire que le choix de la matière inerte est indifférent ; il est loin d'en être ainsi, comme nous l'avons déjà fait remarquer du reste. La proportion de nitroglycérine restant la même, deux dynamites fabriquées avec des absorbants différents peuvent avoir des forces très-inégales. MM. Roux et Sarrau, dans les remarquables essais qu'ils ont entrepris au Dépôt central des poudres et salpêtres de l'État, pour apprécier la force relative des diverses matières explosives, ont constaté, dans des dynamites à 50 pour 100, une force de rupture variant du simple au double, suivant la matière absorbante employée.

Une dynamite est d'autant plus forte qu'elle est plus facile à enflammer par le choc. Lorsque l'inflammation est facile, l'effet de percussion produit par l'amorce se transmet immédiatement dans toute la masse : tel est le cas des dynamites préparées avec des sables quartzeux. Quand, au contraire, la substance est difficile à enflammer par le choc, l'action se transmet incomplétement ; une partie seule de la masse détone, le restant agit par explosion simple. On obtient cet effet avec des dynamites préparées au moyen de matières plastiques, l'ocre, par exemple.

En cherchant les charges de rupture par lesquelles on produit l'éclatement de bombes d'épreuve en fonte présentant toujours sensiblement la même résistance, MM. Roux et Sarrau ont pu comparer les deux ordres d'explosion que nous venons de signaler. Dans le premier ordre d'explosion, 1 de nitroglycérine correspond à 10 de poudre ordinaire, tandis que, dans le second ordre, 1 de nitroglycérine correspond seulement à 2 de poudre. La *kieselguhr* ou silice de Hanovre, employée comme absorbant dans les usines Nobel, détermine dans la dynamite le premier ordre d'explosion.

Les proportions du *mélange de nitroglycérine et de silice* dépendent de la qualité de dynamite qu'on veut obtenir. À l'usine d'Isleten, on prépare en majeure partie de la dynamite n° 1, contenant 75 pour 100 de nitroglycérine, destinée aux travaux de percement du tunnel du Saint-Gothard.

L'opération du *brassage*, comme toutes les manipulations qui vont suivre, s'effectue dans une baraque en planches légères, entourée de solides cavaliers en terre végétale. Cette disposition est adoptée en cas d'accident, afin d'amortir le choc des gaz de l'explosion. Deux ouvriers apportent une auge aux trois quarts pleine de silice, on pèse l'absorbant, on y verse le poids d'huile explosive correspondant aux proportions adoptées dans le mélange, soit 75 pour 100 pour la dynamite n° 1, et on brasse ensuite à la main, comme on le ferait pour une pâte quelconque, jusqu'à ce que la nitroglycérine et la silice se soient entièrement pénétrées. Cette pâte explosive, après qu'elle a été passée au tamis, afin de la rendre entièrement homogène et pulvérulente, est prête à être mise en cartouches.

L'usine d'Isleten compte une dizaine de *cartoucheries*, construites en planches légères, sur deux lignes parallèles, à environ 5 mètres en contre-bas du niveau du terrain. Ces deux rangées de cartoucheries sont séparées l'une de l'autre par un fort cavalier en terre de 5 mètres d'épaisseur et de 6 à 7 mètres de hauteur. Chaque cartoucherie est séparée de celle qui la précède et de celle qui la suit par un cavalier protecteur. L'installation complète des cartoucheries, cavaliers compris, est renfermée dans un quadrilatère de 60 mètres de long sur 20 mètres de large. A l'une des extrémités se trouve le bâtiment affecté au *tamisage* de la pâte explosive ; à l'extrémité opposée, les cartouches déjà préparées en boudins sont enveloppées, mises en paquets, et finalement en boîtes.

Chaque cartoucherie, mesurant 3 mètres en largeur et hauteur, contient deux appareils à fabriquer les cartouches. La poudre explosive homogène sortant de l'atelier de tamisage est, au moyen d'une disposition fort ingénieuse, refoulée dans un petit tube en cuivre du diamètre assigné aux cartouches ; elle ressort de ce tube façonnée en boudins que l'ouvrière, préposée à la préparation, casse à mesure, à la longueur voulue. L'appareil exige seulement deux ouvrières, qui se remplacent mutuellement pour le foulage de la poudre et le cassage des boudins, qui sont portés de là à l'atelier de *paquetage*.

La cartouche, enveloppée dans du papier parchemin imperméable, est longue d'environ $0^m,12$ avec $0^m,022$ de diamètre, et pèse 90 à 100 grammes. Une boîte pesant $2^{kil},500$ en contient environ 25. Dix de ces petites boîtes en carton recouvertes de papier goudronné forment la caisse ordinaire de 25 à 30 kilogrammes. Avant de clouer les caisses, on insère dans chacune d'elles une circulaire en trois langues, française, italienne et allemande, rappelant au consommateur les propriétés spéciales de la dynamite, la confection des cartouches-amorces, les méthodes de chargement des trous de mines, le débourrage des coups ratés, et surtout le moyen de dégeler les cartouches lorsqu'elles ont été exposées à une température de $+ 6^\circ$, point de congélation de la nitroglycérine.

Les déplorables accidents qu'on attribue dans le public à la substance explosive elle-même sont, pour la plus grande partie, dus à la négligence qui préside en général à cette dernière opération, malgré les recommandations réitérées faites à ceux qui emploient la dynamite. Les cartouches gelées doivent toujours être dégelées au bain-marie ; dans aucun cas, on ne doit les placer en contact avec un corps chaud, sur un poêle par exemple ; cette imprudence amène presque toujours l'explosion. Les fabriques de dynamite livrent aux entrepreneurs, pour l'opération du dégelage, des seaux à double paroi, dans lesquels le vase intérieur destiné à recevoir les cartouches qu'on veut dégeler est entouré d'une couronne d'eau chaude, dont la température ne doit guère surpasser 30° centigrades.

Au grand tunnel du Saint-Gothard, où la consommation moyenne de dynamite est de 15 à 20 tonnes par mois, le dégelage des cartouches serait trop long au moyen des seaux à eau chaude. On a donc établi à cet effet des baraques en planches dont les parois sont remplies par du charbon pulvérisé. La température de la baraque est maintenue à 21° ou 22°. Lorsque les cartouches sont dégelées, on les réintègre dans les caisses, qu'on emporte dans le tunnel, roulées dans des couvertures. La température intérieure du souterrain, qui varie entre 20° et 30°, suffit largement à les maintenir dégelées. Une disposition analogue est affectée à la baraque qui sert à la fabrication des cartouches-amorces ; lorsqu'on travaille la nuit, on a soin de placer les lumières entre la fenêtre et le volet extérieur.

En dehors des soins tout spéciaux apportés dans les diverses manipulations qui concourent à la fabrication de la dynamite, l'expérience a démontré en outre la nécessité de certaines précautions élémentaires que nous voyons minutieusement remplies à l'usine d'Isleten. Le

chauffage des cartoucheries se fait par un courant d'eau
chaude ou de vapeur, circulant dans des conduites en
fer qui parcourent toute l'installation ; tous les usten-
siles servant aux manipulations, vases, cuillers, etc.,
sont en gutta-percha ; chaque soir, le parquet des cartoucheries est raclé avec soin, et le résidu jeté au lac,
au cas où il renfermerait de la nitroglycérine ou de la
dynamite renversées par mégarde ; toutes les baraques,
cartoucheries ou autres, pouvant servir à la fabrication
ou au dépôt des matières explosives, sont peintes en
blanc, afin d'amoindrir, pendant les grandes chaleurs,
le pouvoir absorbant de la surface chauffée par le soleil.

La fabrique suisse d'Isleten, établie en 1873 sur les
bords du lac des Quatre-Cantons, au pied de parois de
rochers à pic qui s'appuient sur le massif de l'Uri-
rothstock, est une des quatorze usines qui composent
aujourd'hui l'installation entière des fabriques de dynamite Nobel et qui sont les suivantes :

DATE
DE LA FONDATION.

1865	Vinterudken, près Stockholm.	Suède.
1866	Christiania	Norvége.
1865	Krümmel, près Hambourg . .	Allemagne.
1868	Zamky, près Prague.	Autriche.
1872	Schlebuch, près Cologne. . .	Allemagne.
1874	Presbourg	Hongrie.
1872-74	Isleten, canton d'Uri. . . .	Suisse.
1872-73	Avigliana, près Turin	Italie.
1872	Galdacano, près Bilbao. . . .	Espagne.
1873-74	Trafaria, près Lisbonne . . .	Portugal.
1871	Ardeer, près Glascow.	Écosse.
1870-71	Paulille, près Port-Vendres. .	France.
1868	San-Francisco.	Amérique.
1873	New-York.	Amérique

Ces usines ont livré au commerce, en 1874, 3 millions 1/2 de kilogrammes de dynamite. La plus impor-

Fabrique de dynamite d'Avigliana, près Turin.

tante est celle de Krummel, dont la fabrication a atteint 600 000 kilogrammes. Viennent ensuite les fabriques de Zamky, d'Ardeer et de San Francisco, qui fabriquent chacune de 400 000 à 500 000 kilogrammes. L'usine de Paulille, près Port-Vendres (Pyrénées-Orientales), établie pendant la guerre franco-allemande, est aujourd'hui en pleine activité.

Notre gravure représente une des quatorze usines qui composent l'installation Nobel, celle d'Avigliana (Italie), située à peu de distance de Turin. A gauche, se trouvent les bâtiments destinés à la préparation de l'acide azotique, au broyage et tamisage de la silice, au mélange de nitroglycérine et d'absorbant en proportions déterminées, au tamisage de ce mélange donnant la dynamite en poudre brune, prête à être confectionnée en cartouches. A gauche s'élève, en contre-bas du niveau du terrain, la fabrique de nitroglycérine, entourée, comme les cartoucheries que nous ne voyons point sur la gravure, de solides cavaliers protecteurs en bourrées et terre végétale, destinés à localiser le désastre en amortissant le choc des gaz de l'explosion, lors d'un sinistre possible.

Comme à Genève, à la jonction de l'Arve et du Rhône, des expériences faites le 28 août 1876 à Avigliana, en présence du général Fuiozzi et des officiers du 1er régiment de bersagliers, ont mis au jour, en même temps que l'incomparable énergie de la dynamite, sa parfaite innocuité, lorsqu'elle n'est point soumise aux circonstances spéciales qui déterminent son explosion.

Une caisse de 25 kilogrammes, lancée du haut d'un rocher de 30 mètres, subit sans détoner un choc formidable. Posée à terre, et enflammée par la capsule à fulminate, une caisse semblable creusa, par la détonation, un trou conique de 5 mètres environ de diamètre sur 1 mètre de profondeur. Trente grammes de sub-

stance brisèrent en mille morceaux une plaque de fer
de 6 millimètres d'épaisseur. Un paquet de 8 kilogrammes, placé sous l'eau sans plus de précautions, détona
en soulevant à plus de 100 mètres une énorme gerbe liquide. Ce sont là, du reste, des faits connus depuis
longtemps; aussi, plusieurs pays étrangers ont-ils résolu, en faveur du nouvel explosif, la question de transport par voie ferrée, en supprimant même l'escorte
affectée en pareil cas aux transports de poudre noire
ordinaire. Il serait véritablement temps que la France,
dans l'intérêt des nombreux travaux d'art qui se con-
struisent sur son territoire, accordât à la dynamite les
mêmes latitudes, permettant ainsi aux fabricants de
réduire d'autant leur prix de vente.

Le rapport officiel sur les matières explosives à l'Exposition de Vienne constate que, pendant les deux années qui ont précédé l'Exposition, la préparation d'environ 25 000 centners (1 400 000 kilogrammes) de
dynamite, entraînant la fabrication de plus de 15 millions de cartouches, n'a occasionné aucun accident. La
fabrique d'Isleten, depuis son installation (1872-73),
n'a encore subi, dans les nombreuses manipulations
que nous avons décrites, aucune explosion.

C'est qu'à ce jour, de nombreuses et consciencieuses
études ont enfin triomphé des propriétés dangereuses
que possédait, au début de sa carrière, lorsqu'elle était
employée sans mélange d'absorbant inerte, l'huile explosive liquide, le terrible *glonoïn oil* de l'*European*,
base de la dynamite. Elles ont définitivement fixé un
mode de fabrication qui donne au corps détonant une
sécurité véritablement supérieure à celle de la poudre
noire, sans qu'il abandonne rien de sa merveilleuse
puissance.

CHAPITRE VI

LA DYNAMITE DANS L'INDUSTRIE

§ 1. — Prédominance de la dynamite dans les travaux d'art. — Le souterrain du Saint-Gothard et les récifs de la *Porte-d'Enfer*. — Destruction des écueils et des épaves sous-marines. — Creusement du port de Newcastle.

Nous verrons bientôt la dynamite à l'œuvre dans deux des plus merveilleuses victoires que le monde moderne ait remportées dans le domaine des travaux d'art : la grande galerie souterraine qui traverse le massif des Alpes au Saint-Gothard, et la destruction des récifs de la *Porte-d'Enfer*, qui obstruaient l'entrée du port de New-York.

La description de ces deux ouvrages, sans précédents par la grandeur, nous a semblé exiger un chapitre spécial ; nos lecteurs pourront ainsi placer en regard les unes des autres les différentes conquêtes des corps explosifs dans l'art militaire et dans les travaux pacifiques.

A côté de ces œuvres colossales, et en dehors des exploitations souterraines en général, la dynamite compte encore de nombreux et curieux usages. Partout où se rencontrent un obstacle à vaincre, une roche à briser, une épave à retirer de la mer, de vieux blocs de fonte, des canons hors de service à réduire en morceaux maniables, un fleuve, fût-ce la mer polaire elle-même, à débarrasser de ses glaces accumulées, la dynamite prêtera son puissant concours. Il n'est point jusqu'à la culture qui ne l'emploie avec succès pour le défrichement des terrains vierges ; une cartouche de dynamite détonant sous l'eau fait dans la pêche, interdite du reste, l'office d'un filet miraculeux. Ne l'avons-nous point vu proposer pour la destruction du terrible phylloxera? Tout récemment, on l'expérimentait dans les abattoirs anglais pour l'exécution rapide des bœufs destinés à l'alimentation publique.

Procédons par ordre, et décrivons une à une chacune des applications de notre précieux explosif.

S'agit-il de briser une roche sous-marine, de quelle précaution ne faudrait-il point entourer la poudre noire, si sensible à l'humidité! Avec la dynamite, rien de pareil. Elle explose sous l'eau, aussi bien qu'à l'air libre. Il suffit de placer sur l'écueil à détruire une charge de 1/2, 1, ou 2 kilogrammes, selon la dureté et l'étendue du rocher, et de provoquer ensuite la détonation par un des nombreux systèmes usités, mèche Bickford en gutta-percha par exemple, mieux encore par les appareils électriques, que l'on dispose dans un bateau à proximité, ou sur le rivage. Il est préférable, si le cas se présente, de placer la charge dans une anfractuosité de la roche; en l'absence de cette circonstance, on peut forer d'avance des trous de mines, en travaillant au scaphandre. Les premiers travaux de creusement de la passe de la *Porte-d'Enfer*, ou d'Hell-Gate, furent exécutés de cette façon.

Le lit d'un fleuve, l'entrée d'un port se trouvent-ils obstrués par une épave quelconque, par un vaisseau englouti? Le cas s'est présenté l'an dernier, lorsqu'il a fallu débarrasser l'entrée du port de Boulogne des débris du navire incendié *Charles-Dickens*. 150 kilogrammes de poudre ordinaire, renfermés dans quatre récipients en cuivre auxquels on mit le feu par les moyens électriques, firent sauter l'avant du vaisseau. L'arrière fut détruit avec la dynamite.

Un navire mesurant 22 mètres de long sur 6 de large, sombré au mouillage de Mohac (Hongrie), fut détruit avec 100 kilogrammes de dynamite, partagés en cinq charges, dont deux au milieu, deux à l'arrière, et l'autre à l'avant. Les fils électriques étaient tous dirigés vers les extrémités de piquets dont on avait entouré le navire, et convergeaient vers une batterie établie sur le bord du fleuve.

Il s'agissait, tout dernièrement, d'augmenter la profondeur du port de Newcastle, en vue d'en permettre l'entrée aux navires du plus grand tirant d'eau. Quatre blocs énormes de béton, mesurant près de 4 mètres de côté sur 2 mètres environ d'épaisseur, pesant donc près de 60 000 kilogrammes, présentaient un obstacle en même temps difficile et coûteux à enlever. Quelques charges de 5 kilogrammes de dynamite, fixées à la surface des blocs au moyen de cloches à plongeur, et dont la détonation fut déterminée par des amorces explosibles, en eurent vite raison. Les blocs furent littéralement broyés, et le draguage facilement opéré.

§ 2. — Sautage des glaces. — Expériences à Saint-Pétersbourg sur la Newa. — Le bris des glaces du pôle pendant l'expédition arctique du capitaine Nares.

Il est nécessaire, en certaines circonstances, de débarrasser les cours d'eau des glaces qui les obstruent. Le travail à la main serait une opération longue et coûteuse, lorsque surtout on n'a guère le temps d'attendre. Pendant le siége de Paris par exemple, nos canonnières se trouvèrent prises dans les glaces de la Seine, près Charenton : la dynamite les débloqua bien vite.

Lorsque la couche de glace n'est pas très-épaisse, il suffit de placer à l'extérieur une série de cartouches que l'on recouvre de terre et de sable. Il est bon de détacher tout d'abord le plus possible la glace des rives du fleuve, et se garder de ne poser qu'une seule charge, si considérable qu'elle soit; elle produirait simplement un vaste entonnoir, sans donner naissance à une fissure continue. Avec $3^{kil},500$ de dynamite renfermée dans une boîte en bois, on a creusé, sur une nappe de glace de 45 à 50 centimètres d'épaisseur, un trou de $2^m,70$ de long sur 60 centimètres de large,

Cartouche de dynamite.

On obtient d'excellents résultats, en faisant arriver les cartouches munies de leurs mèches au-dessous des glaces au moyen d'un flotteur. Des cartouches de 40 à 50 grammes suffisent dans ce cas pour briser une glace de 25 à 30 centimètres d'épaisseur. Pour empêcher les charges de geler, on [les entoure avec soin de poix ou d'un corps peu conducteur, comme la sciure de bois.

Une des expériences les plus curieuses qui aient été faites sur le bris des glaces par la dynamite eut lieu l'an dernier sur la Newa, à Saint-Pétersbourg, en présence de l'empereur et du duc Nicolas de Leuchtenberg, président honoraire de la Société technique.

Dans chaque trou creusé dans la glace, qui avait une épaisseur d'une archine et demie (plus d'un mètre), on introduisit une longue perche, ayant à son bout inférieur un sac en toile rempli de cartouches de dynamite. La longueur des perches était calculée de manière que les charges de six livres fussent plongées à sept pieds au-dessous de la glace, et celles de cinq livres à

cinq pieds. Outre ces principales charges, il y en avait
d'autres de force inférieure. Un fil conducteur, courant
sur chaque perche, réunissait la charge au fil électrique établi isolément sur la surface de la glace, et abou-
tissait à l'appareil placé sur le quai. L'explosion de
trois charges de six livres chacune produisit une détonation sourde, et fit jaillir à une grande hauteur l'eau
pêle-mêle avec des débris de glace. L'explosion au milieu du fleuve des six charges de cinq livres chacune
provoqua une colonne d'eau beaucoup plus forte, beaucoup plus haute, et fit vibrer le sol d'une manière très-
sensible.

Cette expérience est certainement concluante, mais
elle est loin d'avoir tout l'intérêt que présente un emploi
analogue de la dynamite, fait sur la glace de la mer
polaire elle-même, lors de la fameuse expédition arctique du capitaine Nares. C'était alors un véritable rocher de glace à faire sauter, un rocher dans lequel les
hardis navigateurs durent travailler comme dans une
exploitation souterraine ordinaire, en creusant des
trous de mines, ou encore en pratiquant au pic une
rigole, dans laquelle ils déposèrent, à intervalles divers, des cartouches de dynamite.

Le seul obstacle à l'usage de la dynamite dans les
parages glaciaires est le gel de la substance. On doit se
servir alors d'amorces extrêmement puissantes, contenant chacune jusqu'à 1 gramme ou 1^{gr},500 de fulminate
de mercure. Les cartouches sont en outre moulées
d'avance, c'est-à-dire que, comme dans les cartouches
de fulmi-coton comprimé, on ménage à l'une des extrémités du cylindre explosif une petite chambre destinée
à loger l'amorce.

Chaque expédition polaire est donc munie aujour-
d'hui, dès son départ, d'une provision suffisante de
dynamite, au moyen de laquelle le navire pourra se

frayer une route à travers cette « citadelle de glace », posée comme une couronne sur le globe du monde.

La science ne met plus de bornes à son ambition. Voici que la lumière électrique éclaire la nuit, jadis insondable, du pôle, et que la nitro-glycérine déchire les flancs de ses invulnérables banquises. Les tristes habitants sous-marins de ces régions désolées vont eux-mêmes devenir les victimes de notre soif insatiable de conquêtes ; la dynamite renouvelle pour l'équipage du navire polaire le miracle légendaire de la pêche miraculeuse.

§ 3. — La pêche à la dynamite. — Expériences sur le lac de Saint-Blaise, près Neuchâtel.

Si les glaces sont disloquées par la puissance explosive de la dynamite, n'est-il point tout naturel de songer à utiliser cette force pour la pêche? C'est ce que pourront faire nos navigateurs, dans les longs jours de repos forcé que leur impose le rude climat du pôle. Malheur alors aux phoques, aux ours blancs dont les repaires sont connus ! De retour sur le continent, nos héros devront toutefois, avant de s'adonner de nouveau au curieux et profitable exercice de la pêche à la dynamite, consulter le code qui interdit, dans la plupart des pays civilisés, cet amusant passe-temps.

La pêche à la dynamite peut cependant être utilisée avec fruit dans les étangs particuliers dont le fond est garni de vieilles souches dans lesquelles les poissons, particulièrement les gros brochets, le fléau des jeunes élèves, trouvent des retraites inabordables. La dynamite va vite en avoir raison, et au cas où quelques-uns de nos lecteurs voudraient se procurer le plaisir d'une expérience de ce genre, nous leur donnons ci-dessous la recette qui doit être suivie.

Dans une cartouche de 50 à 60 grammes, on insère une amorce munie d'une mèche Bickford en gutta-percha, fixée par une ligature solide. On attache ensuite la cartouche à un morceau de bois qui va servir de flotteur, et qui est muni d'une corde de 1 mètre environ de longueur. Au bout de cette corde, on fixe une pierre d'un certain poids. Allumer la mèche et laisser filer le tout dans l'eau. La pierre arrivée au fond, la cartouche restera toujours, grâce à son flotteur, à un mètre au-dessus du fond, de telle façon que l'effet explosif de la dynamite ne sera point employé à creuser un trou inutile.

Il faut laisser filer la mèche et sa cartouche avec soin, et ne point la jeter sans précautions, brusquement. Le poisson effrayé se sauverait, et toute votre expérience n'aboutirait qu'à soulever une colonne d'eau d'un plus ou moins gros volume. On doit aussi employer une mèche d'une certaine longueur, afin de laisser aux futures victimes le temps de revenir, toutes préparées pour une mort certaine. On peut obtenir de cette façon de brillants résultats; sur les côtes de Norvége, par exemple, on détruit par la dynamite des bancs entiers de harengs.

Nous avons sous les yeux le compte rendu d'expériences de pêche, exécutées récemment par la Société des sciences naturelles de Neuchâtel, dans le petit lac de Saint-Blaise, dont la profondeur est environ d'une dizaine de mètres. M. le professeur Ph. de Rougemont donne de ces essais une relation intéressante :

« Le lac Saint-Blaise est peuplé d'énormes brochets qui empêchent les autres espèces de poissons d'y prospérer. Il y en a, dit-on, qui pèsent de 15 à 20 livres. Comme on ne peut pas toujours manger du brochet, le propriétaire du lac, M. Dardel-Perregaux, consentit à ce qu'ils fussent livrés en holocauste à la science. Un premier essai fut fait avec une cartouche de dynamite d'une livre, qu'on alluma au moyen d'une mèche en plomb. L'explosion n'occasionna qu'une assez faible secousse, sans détonation sensible, mais l'on vit aussitôt après une quantité de perchettes s'agiter convulsivement vers le bord, puis tourner le blanc. L'absence de gros poissons prouvait suffisamment que la charge n'avait pas été suffisante, et qu'il fallait une plus forte dose de dynamite.

« Aussi eut-on recours à une cartouche de 3 livres. L'explosion eut lieu par le même procédé; l'ébranlement de l'eau fut plus fort; on entendit une détonation sourde, et immédiatement après, on vit s'élever à l'endroit où la cartouche avait dû éclater un globe liquide, qui était évidemment occasionné par les produits gazeux de l'explosion. On vit aussi, outre les perchettes, quelques platelles et quelques brochets de moyenne taille venir échouer au bord. Mais les gros brochets échappèrent encore cette fois-ci. Plusieurs assistants remarquèrent cependant dans les roseaux quelques mouvements violents, qu'on ne peut attribuer qu'à ces vieux forbans. Ils ont, paraît-il, la vie terriblement dure, et il y aura lieu, si l'on veut en terminer, de répéter l'expérience avec une dose encore plus forte de dynamite.

« L'autopsie des individus atteints par l'explosion montra qu'ils avaient tous la vessie natatoire crevée. »

Souhaitons à nos lecteurs une réussite encore plus complète dans leurs expériences. Sans pousser outre mesure au massacre des hôtes favoris du royaume de Neptune, nous voyons, dans ces essais d'un nouveau genre, un moyen récréatif de faire connaissance avec une substance que des circonstances plus sérieuses peuvent appeler à devenir d'un usage forcé, en cas de guerre, par exemple, comme nous le décrirons dans le chapitre spécialement consacré à la guerre de campagne.

§ 4. — Sautage des vieux canons. — Déchargement des obus. — Abatage des arbres et des souches. — La dynamite dans les abattoirs d'Islington. — La destruction du phylloxera. — Le suicide à la dynamite.

Les gros blocs de fonte mis au rebut dans les hauts fourneaux, les vieux canons réformés, ne résistent point à une charge de dynamite convenablement répartie.

S'il s'agit d'un vieux canon, on descend d'abord la pièce dans un fossé, et on la cale la bouche en haut. On introduit ensuite dans l'âme du canon deux charges attachées à une baguette en bois, la plus forte charge, environ les deux tiers, étant au fond, l'autre à la hauteur des tourillons. On peut compter en général sur autant de grammes de dynamite qu'il y a de kilogrammes de fonte, pour des pièces de grosseur moyenne. On remplit d'eau et on ferme la gueule avec un tampon en bois qui ne laisse passer que les fils électriques. Le canon est brisé par l'explosion en 90 ou 100 morceaux.

Le déchargement des obus qui n'ont point éclaté présente, comme on sait, des dangers extrêmes. En plaçant une charge de dynamite tassée dans le vide laissé par trois obus placés l'un sur l'autre, l'éclatement a lieu et la poudre brûle à l'air libre.

Les travaux agricoles et forestiers utilisent eux aussi le pouvoir explosif de la dynamite, dont il faut cependant concilier l'emploi avec le prix de la main-d'œuvre ordinaire.

Lorsqu'on a un travail très-pressé à exécuter, comme l'abatage des arbres en temps de guerre, ou encore le sautage de grosses souches difficiles à extraire, en bois très-dur ou munies de fortes racines engagées dans des rochers, l'emploi de la dynamite sera rémunérateur.

Pour le sautage des souches, on les dégagera bien tout d'abord, en ayant soin de couper les petites racines à la main ; on fore ensuite un ou deux trous de mines de 25 à 30 millimètres de diamètre ; on charge et on bourre avec de la terre ou de la mousse.

Pour abattre les arbres, on entoure le pied de l'arbre d'une cravate de dynamite, et on allume avec une amorce. L'arbre est coupé net.

L'ameublissement des sols incultes se fait au moyen de charges de 250 grammes qu'on place à une profondeur d'environ 2 mètres. On fait partir plusieurs de ces charges à la fois au moyen d'une batterie électrique. La terre est ainsi remuée et rendue accessible à l'humidité sur une profondeur de 2 à 3 mètres, tandis qu'avec les méthodes ordinaires, il est difficile de dépasser 75 centimètres à 1 mètre. Le duc de Sutherland, en Angleterre, et le docteur Hamm, en Autriche, ont ainsi effectué des défoncements considérables, et on a pu calculer que le prix de cette opération est de 600 à 700 francs par hectare.

Une des plus récentes et certainement des plus curieuses applications qui aient jamais été faites de la nouvelle substance explosive est l'abatage des bœufs à Islington, par M. Thomas Johnson, de Dudley. Une charge de 28 grammes, placée au milieu du front, détermina la mort immédiate de l'animal. La dépense est donc minime, et, dans les pays où la dynamite est à bon marché, comme dans le Pays-Noir (Black-Country), la méthode précédente est déjà couramment employée dans les abattoirs.

On a encore proposé la dynamite pour la destruction du phylloxera. La commotion produite par l'explosion produirait les mêmes effets que lors de la détonation dans la pêche. Jusqu'à plus ample information, nous nous contenterons de citer cette nouvelle application comme une simple curiosité.

Il nous était même réservé de connaître le suicide à la dynamite. Un lugubre original s'est posé récemment une cartouche sur la poitrine, et a tranquillement al-

[Exploitation d'une carrière par la dynamite.

lumé avec son cigare la mèche communiquant à l'amorce fulminatée.

Au-dessus de ces usages si divers se place nécessairement l'emploi de la dynamite dans les exploitations souterraines, mines, tunnels, carrières. L'abatage de la houille, l'extraction des ardoises de dépôts, comme ceux d'Angers par exemple, le percement des galeries dans le roc, s'effectuent aujourd'hui à l'aide de la dynamite.

Grâce à une savante et attentive exploitation, la dynamite est devenue l'agent explosif de l'avenir. Moins de vingt années ont suffi pour transformer un produit de laboratoire, classé tout d'abord au nombre des découvertes souvent improductives, quoique dignes d'admiration à tous égards, de la science moderne, en une substance usuelle, d'un maniement facile, d'une sécurité à toute épreuve, d'une force jusqu'ici inconnue. Les avantages que l'on retire de son emploi sont tels, que le coût de la matière explosive est plus que couvert par l'excédant du travail produit, ce qui justifie l'appréciation qu'on trouvera peut-être un peu louangeuse, quoi qu'elle soit exacte, d'un maître mineur : *La dynamite ne coûte rien.*

Déjà usuelle dans les travaux de mines et de constructions, où elle n'en est plus à compter ses conquêtes, la dynamite tend également à s'implanter dans les opérations militaires. La dernière guerre nous a montré de quel secours elle était pour le sautage des ponts, la destruction des souterrains, la mise hors de service des voies ferrées et du matériel d'exploitation des chemins de fer. Le nouvel explosif, non content de détrôner la poudre, sa rivale dans les arts de la paix, songerait-il encore à la supplanter dans son antique domaine, après les cinq siècles de gloire parcourus par elle depuis Roger Bacon jusqu'à la découverte des nouveaux composés nitrés, depuis Crécy et Metz jusqu'aux défaites douloureuses inscrites dans nos dernières annales militaires ?

CHAPITRE VII _

LES RIVAUX DE LA DYNAMITE

Lithofracteur. — Poudres à l'ammoniaque. — Poudres de Cologne, d'Hercule et d'Horsley. — Dualine. — Séranine. — Vigorite. — Sébastine. — Glyoxyline. — Pantopollite. — La mataziette et l'explosion du fort de Joux. — La gomme explosive. — Essais comparatifs des diverses dynamites.

Dès qu'il fut avéré que la dynamite pouvait rendre à l'industrie des services qui se traduisaient, pour son inventeur, par un véritable Pactole, les poudres rivales affluèrent. L'étude des composés nitrés fut la *great attraction* de la chimie industrielle, et, autour du produit triomphant, se mirent à tourner nombre de satellites. Quelques-uns d'entre eux à peine devaient survivre; le reste fut étouffé sous le poids du succès toujours grandissant de la poudre nouvelle.

Parmi les plus connus de ces composés rivaux, nous citerons le lithofracteur, la poudre à l'ammoniaque, les poudres de Cologne, d'Hercule, d'Horsley, la dualine, la séranine, la mataziette, la glyoxyline, et, parmi les plus récents, dont le nom n'a encore été prononcé que dans les pays qui les ont vus naître, la vigorite et la sé-bastine, toutes deux d'origine suédoise.

La plus grande partie de ces corps ne sont autres que des dynamites à absorbant actif. Au lieu de silice inerte, les inventeurs songèrent à employer des mé-langes déjà explosifs par eux-mêmes, ou fortement com-burants, comme la poudre à canon ou les sels de po-tasse. De là leur nom de *dynamites à base active*, dans les-quelles la nitroglycérine joue toujours le principal rôle.

Le *lithofracteur*, fabriqué à Deutz, près Cologne, par Krebs et Cᶦᵉ, employé par les Prussiens au cours de la dernière guerre, renferme de la nitroglycérine, de la silice, et divers autres composés, dans les proportions suivantes :

Nitroglycérine	55
Kieselguhr	24
Charbon	6
Nitrate de baryte et carbonate de soude	15
Soufre et oxyde de manganèse	5
Total	100

La consommation du *lithofracteur* est considérable, principalement sur le marché transatlantique.

La *poudre à l'ammoniaque*, d'une force explosive considérable, supérieure même à celle de la dynamite, se compose de 80 parties de nitrate d'ammoniaque, 6 de charbon, 10 à 20 de nitroglycérine. Malheureusement, la nature hygroscopique du nitrate d'ammoniaque rend son emploi et sa conservation très-difficiles.

Les *poudres de Cologne et d'Hercule* sont des mélanges de poudre à canon et de nitroglycérine. La *séranine* et la *poudre d'Horsley* sont des mélanges de chlorate de potasse et de nitroglycérine.

La *dualine* possède la composition suivante :

Sciure de bois fine	30
Azotate de potasse	20
Nitroglycérine	50
Total	100

La canne à sucre nitrée est la base de la *vigorite*. Dans la *sébastine*, la silice de la dynamite est remplacée par du charbon de bois très-poreux et doué de propriétés absorbantes considérables. Elle renferme 78 de nitroglycérine, 14 de charbon de bois et 8 de nitrate de potasse. Nous avons vu essayer la *sébastine* sous nos yeux, au tunnel du Gothard, par l'inventeur qui l'importait de Suède, et sa force explosive nous a semblé considérable.

On a proposé encore des dynamites au fulmicoton : telle la *glyoxyline*, dans laquelle l'absorbant est formé de fulmicoton en poudre et de salpêtre.

La *pantopollite*, fabriquée à Opladen, est une dynamite à bon marché, dans laquelle la nitroglycérine est dissoute dans la naphtaline, qui doit empêcher, lors de l'explosion, la formation des vapeurs nitreuses. Essayée aux mines de Friedrichstahl, le violent dégagement de fumées nuisibles força de suspendre provisoirement son emploi. 10 kilogrammes de pantopollite donnent le même résultat que 50 kilogrammes de poudre ordinaire.

Notons enfin, en dehors de la dynamite à 75 pour 100 de nitroglycérine que nous avons examinée jusqu'ici, les poudres dites dynamites n° 2 et n° 5. La dynamite n° 2 contient 48 à 50 pour 100 de nitroglycérine, 10 pour 100 de kieselguhr, et 40 pour 100 de poussière de bois torréfié et saturée de salpêtre. La dynamite n° 5 renferme 50 à 55 pour 100 de nitroglycérine, 5 pour 100 de silice, et 60 pour 100 de sciure de bois salpêtrée. Ces dynamites sont destinées à la rupture du rocher de dureté moyenne et à l'abatage de la houille ou des matériaux de carrières, dans lesquels une force explosive trop considérable produirait des effets trop brisants.

Comment nous reconnaîtrons-nous au milieu de tous ces composés rivaux, empruntant tous la force explosive de la nitroglycérine ? Lorsqu'il s'est agi de faire les essais comparatifs de poudres à canon de diverses provenances, nous avons employé le mortier-éprouvette, le fusil-pendule, l'éprouvette à crémaillère, le

chronoscope électro-magnétique, et finalement, pour
des expériences plus minutieuses, les appareils calorimétriques.

Les essais pratiques des dynamites se font par un
moyen aussi simple qu'exact. Supposons qu'on veuille,
par exemple, étudier les forces respectives de la *dynamite* et du *lithofracteur*. On prendra deux cubes de
plomb, dans lesquels on a perforé deux trous de profondeur et de diamètre identiques. Dans chacun de ces
trous, on fera exploser une charge égale des deux corps;
le vide produit après la détonation, facilement mesuré
par le volume d'eau qu'il contient, donnera un terme
de comparaison facile.

Nous noterons alors pour les deux expériences :

VIDE PRODUIT PAR L'EXPLOSION (EXPRIMÉ EN CENTIMÈTRES CUBES).

Première expérience. 315
Deuxième expérience. 321

Les forces explosives des deux dynamites seront dans
le rapport de :

$$\frac{315}{321} = 0,98.$$

Les dimensions des trous perforés et les charges de
substances sont ordinairement les suivantes :

Profondeur du trou. . . . . 135^{mm}
Diamètre du trou. 15
Charge de dynamite. . . . . 10^{gr}
Hauteur de la charge bourrée. . . 40^{mm}

Il faut avoir soin de choisir du plomb de seconde
fusion, afin d'éviter les pertes de gaz par les soufflures
qui se rencontrent souvent dans le plomb de première
fusion.

Explosion du fort de Joux (janvier 1877).

L'explosion du fort de Joux, le 18 janvier dernier, a rendu célèbre pour un instant une dynamite déguisée connue sous le nom de *mataziette*, fabriquée clandestinement à Genève.

Saisis en contrebande à la frontière française, six tonneaux de cette substance avaient été séquestrés au fort, et achetés ensuite par une société.

Les chemins de fer français ayant refusé de transporter cette dangereuse marchandise, les acquéreurs avaient expédié des chars pour l'évacuer. Des précautions de tout genre avaient été prises pour assurer la bonne réussite de l'opération. On avait étendu sur le sol des toiles de caoutchouc, et les personnes chargées de la manutention des tonneaux portaient des chaussures de laine.

Malgré toutes ces mesures minutieuses, vers les quatre heures du soir, la mataziette fit explosion. L'effet fut terrible. Le Fort-Neuf fut fortement éprouvé. D'énormes blocs de maçonnerie furent lancés sur la voie ferrée qui passe entre le Fort-Vieux et le Fort-Neuf, et brisèrent les rails. Parmi les ouvriers occupés au transbordement, huit trouvèrent la mort dans ce désastre.

La *mataziette* n'était, paraît-il, que de la dynamite colorée en brun par de l'ocre, et dans laquelle la craie jouait le rôle d'absorbant. Lorsqu'elle fut séquestrée au fort, la nitroglycérine, imparfaitement retenue par un mauvais absorbant, suintait à travers les tonneaux. On s'explique facilement alors la terrible explosion, et on se demande même comment elle n'est point arrivée plus tôt. Le fabricant de mataziette, M. Biet, fut condamné par le tribunal de Pontarlier, jugeant par défaut, à trois années d'emprisonnement et trente mille francs d'amende, qui ne rendirent point la vie aux malheureuses victimes du fort.

Citons encore, avant de terminer cette rapide revue

des rivaux de la dynamite, un nouveau composé, dont le secret de la fabrication est encore gardé, la *gomme explosive* de Nobel, qui aurait donné les plus brillantes promesses lors de la destruction des murailles de Sedan, définitivement condamnée comme place de guerre. Nul doute que ce nouvel explosif, dont nous avons vu brûler quelques cartouches, ne soit à base de nitroglycérine, renfermant des proportions plus grandes encore du terrible *glonoïn-oil* que la dynamite elle-même.

Où s'arrêtera donc enfin notre rage de détruire, et ne clorons-nous pas bientôt la longue série de ces corps détonants, lutteurs inconscients, mais terribles, dans ce sévère *combat pour la vie*, dont la guerre moderne, esclave des explosifs, est l'un des facteurs les plus puissants?

LIVRE III

LA GUERRE ET LA PAIX

CHAPITRE PREMIER

LES CANONS GÉANTS

§ 1. — La cuirasse et le canon dans les combats maritimes.

L'extension considérable qu'a prise de nos jours la marine cuirassée a ouvert une voie nouvelle à la construction des engins d'artillerie, dont l'histoire est si intimement liée à celle de la poudre à canon. La guerre maritime, comme la guerre de campagne, éclairées toutes deux par de récents désastres, ont mis à profit les découvertes de la science moderne et en ont déduit les applications merveilleuses qui font la gloire de l'art militaire.

L'apparition du premier monitor pendant la guerre de sécession américaine donna le signal d'une transformation radicale des pièces de canon, dont les projectiles impuissants venaient se briser contre la dure carapace du navire nouveau.

Depuis ce jour, le duel entre la cuirasse et le projectile a traversé les phases les plus diverses, chaque
adversaire grandissant sa taille à la mesure du dernier
vainqueur, le navire épaississant sa cuirasse protectrice, le canon élargissant sa gueule, allongeant son
corps de fer, augmentant le poids et la vitesse de son
projectile, tous deux cherchant à se rendre mutuellement invulnérables.

Le fatal dénoûment de la campagne franco-allemande
de 1870, le retour en Europe à la guerre de conquête,
l'état de malaise qui s'ensuivit, contribuèrent pour
une forte part à lancer les gouvernements dans ces formidables essais d'engins inconnus jusqu'alors.

Telle nation qui, par le nombre de ses vaisseaux de
guerre, était jadis reléguée à un rang inférieur, se
trouve aujourd'hui, par la force de son armement, à la
tête des marines européennes. L'Angleterre elle-même,
cette « souveraine de la mer », se voit contrainte de
céder le pas à la jeune Italie. L'*Inflexible*, avec ses canons de 81 tonnes, est désormais battu par le *Duilio*,
le premier par sa cuirasse redoutable et par ses monstrueux canons de 100 tonnes (*the King-Gun*). Les formidables « Infants » anglais troublent le repos du « Roi
du fer » allemand ; mais à peine Krupp a-t-il annoncé
son canon de 124 tonnes que l'arsenal de Woolwich
met à l'étude le canon Fraser, dont le poids sera de
200 tonnes, et qui lancera à 19 kilomètres de distance
un projectile de 2700 kilogrammes!

Où s'arrêtera ce véritable débordement d'expériences?
Il semble cependant que la lutte a désormais franchi
les horizons les plus vastes qui eussent pu lui être assi-
gnés en temps normal. Le progrès dans l'artillerie ap-
pelant une augmentation réciproque de puissance dans
la cuirasse, c'est le plus souvent aux dépens de la célérité et même de la sécurité d'un navire, que ce der-

nier supporte le lourd armement qui lui assure une prépondérance, du reste toute momentanée. Le désastre du garde-côtes *Captain*, coulé à pic en vue du cap Finistère, le 7 septembre 1870, lors de sa course d'essai, montre déjà avec quelles précautions on doit supputer le cuirassement et l'armement d'un navire, si on ne veut l'exposer aux plus terribles conséquences.

Aussi, le règne des monitors entièrement caparaçonnés, « semblables à d'énormes tortues nageant à la surface des flots », semble-t-il appelé à disparaître dans un avenir prochain, pour faire place au vaisseau simplement cuirassé dans ses parties vitales, revêtu d'une ceinture de fer protégeant les machines, le gouvernail, les soutes à charbon, etc.

Ce n'est toutefois point encore sur l'armement même que se porte la main hardie des novateurs. L'artillerie restera toujours formidable, avec ses « canons géants », placés en plein air, pleine lumière, tirant en barbette, commandant tout l'horizon, rangés dans le plan longitudinal du navire, de manière qu'ils puissent au besoin être réunis sur le côté où tout l'effort de l'artillerie sera utile, ou bien encore venir appuyer le choc mortel de l'éperon.

Sept de ces énormes navires garde-côtes sont en ce moment à la mer, quelques-uns encore inachevés. Quatre d'entre eux appartiennent à l'Angleterre : la *Dévastation*, le *Thunderer*, la *Dreudnought* et l'*Inflexible*. Le *Pierre-le-Grand* porte le pavillon russe. Les derniers venus et les plus redoutables, le *Duilio* et le *Dandolo*, construits dans les chantiers de Castellamare et de la Spezzia, marchent à la tête de la marine italienne. L'artillerie de ces sept monitors varie de 35 tonnes, poids du canon du *Pierre-le-Grand*, à 80 et 100 tonnes, pour l'*Inflexible* et le *Duilio*.

Moins puissants que ces princes de la mer, mais en-

core au premier rang dans les flottes cuirassées, sont
les deux monitors brésiliens *le Solimoës* et *le Javary*,
tous deux construits dans les chantiers français, le premier portant 4 canons Whitworth de 22 tonnes, le second 6 pièces de 28 tonnes. Les tourelles du *Téméraire*
anglais, décuirassé à la coque, sont armées de 2 canons
de 25 tonnes, le fort cuirassé central de 2 pièces de
25 tonnes et de 4 de 18 tonnes. Les deux cuirassés
circulaires russes ou popoffkas, qui opèrent en ce moment dans la mer Noire, sont également défendus par
des pièces d'un puissant calibre. Le *Novgorod* possède
2 pièces de 28 tonnes ; l'*Amiral Popoff*, 2 pièces
de 41 tonnes, semblables à celles que Krupp envoya à
l'Exposition de Vienne.

Notre intention n'est point de faire l'histoire détaillée
de ces colosses de la marine cuirassée, « capables —
dit sir John Paget — de tenir tête à toute une escadre ».
Les progrès de l'art naval, tel·qu'il existe et grandit
depuis plusieurs années, étant toutefois, comme nous
l'avons fait remarquer plus haut, absolument insépa-
rables de l'incroyable extension donnée à l'artillerie, il
nous a semblé impossible de ne point réunir ces deux
engins, le navire et son armement. Le navire n'est plus
en réalité, de nos jours, qu'un énorme affût mouvant,
caparaçonné pour la bataille, rentrant à ce titre dans
le matériel d'artillerie moderne, dont nous allons es-
quisser les types les plus formidables, et en même
temps les plus curieux.

§ 2. — Les « Infants » de Woolwich. — Le canon Fraser de 81 tonnes
de l'*Inflexible*.

Le premier « Infant » construit dans les ateliers de
l'arsenal royal de Woolwich, situé sur la Tamise, à

environ huit milles de Londres, pesait 55 tonnes[1]. Son projectile de 318 kilogrammes, lancé avec une vitesse initiale de 400 mètres par seconde, perçait alors les blindages des navires les plus fortement cuirassés.

L'apparition du *Pierre-le-Grand* russe, cuirassé à 20 pouces, rendait inutiles les efforts du monstrueux canon. L'« Infant » vaincu fut relégué au second plan, et l'Angleterre, jalouse de sa suprématie maritime, mit en chantier le canon de 81 tonnes, destiné à un navire nouveau, l'*Inflexible*, qui laissait à son tour loin derrière lui, comme armement et comme blindage, le vaisseau russe.

L'*Inflexible* a été mis pour la première fois à la mer dans le courant d'avril 1876, en présence des lords de l'Amirauté, du duc d'Édimbourg et de la plupart des membres des deux Chambres. Ses tourelles, revêtues d'une armure de $0^m,46$ d'épaisseur, seront armées de 4 canons de 81 tonnes. La citadelle, ou partie vitale du navire, porte des blindages de $0^m,61$ d'épaisseur. Jusqu'à la création du *Duilio* italien, l'*Inflexible* semblait devoir rester le plus formidable cuirassé des temps modernes.

On se fera une juste idée de la puissance du monstrueux canon, si l'on considère ses principales dimensions. La longueur de l'âme est de $7^m,296$, son diamètre intérieur de $0^m,40$. Sa longueur totale est de $8^m,91$, et le plus grand diamètre extérieur de $1^m,59$. L'affût pèse à lui seul 58 tonnes.

Le canon de l'*Inflexible* a été construit d'après le système Fraser. Les fibres de la frette de culasse, superposées au tube intérieur en acier, au lieu d'être disposées dans le sens longitudinal de la pièce, sont trans-

---

[1] La tonne anglaise équivaut à 1051 kilogrammes 930 grammes. Le pied (0,324) vaut 12 pouces (0,027), dont chacun équivaut à 12 lignes (0,00225).

versales, ce qui donne au métal une plus grande résistance à l'explosion. La première frette pesait à l'état brut 30 tonnes, la seconde 50 tonnes ; il a été employé pour la construction de la pièce 164 tonnes de métal, dont la moitié, on le voit, a été enlevée au tournage.

Les premiers essais du canon monstre furent faits en 1875. Les charges de poudre pebble, dont la grosseur moyenne est de 3 centimètres, ont varié de 77 à 110 kilogrammes. Le poids du projectile était de 570 kilogrammes. Sa vitesse initiale variait de 450 à 512 mètres par seconde. Le recul sur une plate-forme inclinée au 40e varia de 9m,50 à 12m,50.

Pour le maniement du canon de 81 tonnes, le chargement s'effectue au moyen d'une grue. On élève la gargousse dans un petit chariot en cuivre, à hauteur de la pièce, et on l'enfonce jusqu'au fond de l'âme à l'aide d'un grand refouloir, dont la hampe en acier a 8m,80 de longueur et 0m,075 de diamètre. La grue élève ensuite le projectile. Douze hommes sont nécessaires pour l'enfoncer complétement dans l'âme de la bouche à feu.

La portée de l'« Infant » de 81 tonnes sera supérieure à 11 kilomètres, et une plaque de blindage de 0m,61 pourra être transpercée à 1600 mètres de distance.

De récents essais, exécutés par le Comité royal d'artillerie à Schœburyness, après le complet achèvement de l'« Infant », ont pleinement confirmé la puissance de destruction du colossal engin. Malheureusement, des empreintes prises après l'explosion dans l'intérieur de l'âme, auraient amené la découverte d'une petite fissure dans le tube d'acier que recouvrent les frettes de fer, et les plus grandes précautions vont être nécessaires pour la continuation des expériences.

§ 3. — Le canon Armstrong de 100 tonnes du *Duilio*.

Comme l'*Inflexible*, le *Duilio* italien — ainsi nommé en souvenir du héros de Myles, Nepos Duilius — appartient à la catégorie des cuirassés sans mâture. Construit dans les chantiers de Castellamare, il a été mis à la mer en mai 1876. Peu de temps après, le fameux constructeur, sir W. Armstrong, expédiait à la Spezzia l'un des huit gros canons de 100 tonnes qui lui avaient été commandés pour l'armement des deux nouveaux cuirassés *Duilio* et *Dandolo*.

Le canon Armstrong du *Duilio* — *the King-Gun*, le Roi-Canon, comme l'appellent les Anglais, proclamant ainsi eux-mêmes sa supériorité sur le dernier « Infant » — pèse 101 tonnes 1/2. Ses dimensions sont encore plus considérables que celles de la monstrueuse pièce de l'*Inflexible*. La longueur de l'âme est de 9^m,296, son diamètre 0^m,431. Il mesure plus de 10 mètres de la culasse à la bouche. Son épaisseur à la gueule est de 0^m,74 et son plus grand diamètre n'est pas moindre de 2 mètres.

Chacun des deux monitors italiens portera quatre de ces canons, deux dans chacune de leurs tourelles qui mesurent 10 mètres de diamètre. Ces tourelles sont protégées par une cuirasse extérieure de 0^m,45, appuyée sur un matelas de bois de teak, d'égale épaisseur. Un appareil hydraulique servira au chargement du projectile, qui pèsera près de 1000 kilogrammes. La gargousse aura elle-même 1^m,50 de longueur, et renfermera 175 kilogrammes de poudre cubique pebble de 0^m,058 de côté.

Un pareil canon nécessitait un agencement spécial pour son transport des chantiers de Newcastle au port génois de la Spezzia, où devaient avoir lieu les expériences d'essai. La grue de chargement sur les chantiers anglais fut construite pour des charges de 120 tonnes ; celle de la Spezzia pouvait supporter des fardeaux de 160 tonnes, et son contre-poids pesait 350 tonnes. Tout l'appareil reposait sur un massif en maçonnerie de 16 mètres de diamètre et 7 mètres de hauteur. Notre gravure représente le transbordement de la pièce géante amenée par le steamer *Europa*. Un seul coup d'œil sur l'ensemble de l'opération permettra de se rendre compte des colossales dimensions du canon Armstrong et des accessoires que nécessita son débarquement.

Avant d'accepter définitivement la livraison de l'énorme bouche à feu, le gouvernement italien avait exigé une série de cinquante coups d'essai. Ces essais eurent lieu en octobre dernier dans l'un des ports de la Spezzia. Les cibles, au nombre de quatre, présentaient une épaisseur de fer ou d'acier de 0^m,559, reposant sur deux matelas de bois de 0^m,75, le tout appuyé contre une solide charpente dont la disposition était identique à celle d'un navire.

Avec la plus forte charge de poudre qui ait été employée jusqu'ici — 158 kilogrammes, — le projectile de 916 kilogrammes mit en pièces la plaque d'acier de 0^m,56, fournie par l'usine du Creusot. Le choc ne fut pas suffisant pour briser l'armature de bois et la tôle de fer, tout en mettant hors de service la charpente elle-même.

Les vitesses obtenues par les projectiles, calculées au moyen de la bobine Rhumkorff, ont été évaluées entre 418 et 470 mètres par seconde.

Les essais de la Spezzia sont loin d'être terminés. Les résultats qui précèdent semblent cependant assez concluants pour assurer aux monstrueux canons de

Transbordement du canon de 100 tonnes du *Duilio*, à la Spezzia.

100 tonnes et aux cuirassés qui les portent, le brevet
d'invulnérabilité accordé jadis à l'*Inflexible*.

§ 4. — Le navire circulaire ou cyclade russe *Amiral Popoff*,
armé de canons de 41 tonnes.

Après le *Duilio* et l'*Inflexible*, l'« Infant » de 81 tonnes et le « Roi-Canon » de la Spezzia, nous n'aurions
rien dit de l'armement bien inférieur des cuirassés
russes, construits récemment pour la défense des côtes
de la mer Noire, si leur forme tout au moins étrange
ne nous avait semblé pour nos lecteurs un sujet nouveau et bien digne d'exciter leur curiosité.

Le faible tirant d'eau imposé aux navires de guerre
par la topographie côtière de la mer Noire, les résultats
remarquables obtenus par M. Reed, directeur des constructions navales à l'Amirauté anglaise, dans l'étude
comparée des navires larges et courts et des navires
longs et étroits, conduisirent l'amiral russe Popoff à la
conception d'un navire entièrement circulaire. D'où son
nom de cyclade, remplacé plus souvent par la dénomination patronymique de *popoffka*, en souvenir de
leur ingénieux constructeur.

La première popoffka russe fut mise à la mer à Niko-
laïeff, en août 1873 ; elle portait seulement des pièces
de 11 tonnes. Vint ensuite le *Novgorod*, portant des
pièces de 28 tonnes. L'*Amiral Popoff* est armé de pièces
de 41 tonnes, sa cuirasse est épaisse de 0^m,45 ; il peut
donc, à ce double égard, rentrer dans la catégorie des
gros cuirassés garde-côtes. Le *Pierre-le-Grand* lui-
même, qui marche à la tête de la marine russe, ne porte
que des canons de 55 tonnes, bien que sa cuirasse
soit épaisse de 20 pouces.

Le service des canons dans la tourelle unique, large

de 9 à 10 mètres, et située au centre même de la popoffka, s'effectue comme dans les navires ordinaires. Cette tourelle est ouverte à la partie supérieure, et laisse le champ de tir absolument libre. Cette disposition s'explique par le fait que les navires chargés de la défense de certaines passes peuvent toujours venir s'abriter derrière quelques défenses accessoires, comme une ligne de torpilles noyées, et qu'en cas d'attaque, ils peuvent la plupart du temps se tenir hors de portée de la mousqueterie.

Le diamètre de l'*Amiral Popoff* est de 56ᵐ,30 sur le pont et de 28ᵐ,80 pour le fond plat. La distance entre les deux planchers extrêmes est de 4ᵐ,20. Le navire a 6 hélices mues par 6 machines Compound de 80 chevaux. Cette disposition particulière dote la popoffka de facultés giratoires tellement remarquables, qu'il serait au besoin possible de pointer le canon avec l'aide du navire même. L'équipage se compose de 110 hommes, et l'approvisionnement de charbon est de 250 tonnes. Le tirant d'eau est à l'arrière de 4ᵐ,20 et à l'avant de 3ᵐ,60.

L'originale idée de l'amiral russe semble avoir réussi dans la pratique, et les popoffkas ont fait aujourd'hui leurs premières armes dans la rade d'Odessa. Certains correspondants du théâtre de la guerre affirment toutefois que leur maniement est extrêmement difficile, et que ces nouveaux cuirassés sont loin de réaliser la vitesse promise.

§ 5. — La pièce Krupp de 126 tonnes et le canon anglais de 200 tonnes. Le « canon géant » et la torpille.

Les fameux essais de Schœburyness et de la Spezzia, quelque formidable puissance qu'ils aient révélée, ont cependant laissé_le champ ouvert à l'imagination des constructeurs de Newcastle, de Woolwich et d'Essen.

Jaloux de voir sa jeune marine distancée avant même d'avoir paru sur la scène militaire, — son grand *Kaiser*, le vaisseau-empereur, réduit au rôle de satellite de l'*Inflexible* anglais, du *Pierre-le-Grand* russe, et des deux puissants cuirassés italiens, — l'Allemagne, par la voix de son « Roi du fer », annonce à l'Europe son canon de 126 tonnes, que construira l'usine d'Essen. Le nouveau monstre doit lancer un projectile de 1048 kilogrammes, avec une charge de poudre de près de 200 kilogrammes. Il traversera, à un kilomètre de distance, des plaques de blindage de $0^m,61$ d'épaisseur. Sa longueur totale est indéterminée, mais on évalue sa portée à 12 ou 14 kilomètres!

De son côté, l'arsenal de Woolwich prépare, dit-on, une pièce qui laissera loin derrière elle le projet déjà gigantesque du célèbre fondeur allemand. Le canon de 200 tonnes à l'étude aura une longueur de 15 mètres avec un diamètre intérieur de $0^m,525$. La charge de poudre sera de 450 kilogrammes. Le projectile pèsera 2718 kilogrammes, et portera à l'énorme distance de 19 kilomètres !

La monstrueuse bouche à feu, si elle vient jamais à être mise en construction, clora-t-elle définitivement la série des « Infants »? Il y a peu d'années encore, le canon de 35 tonnes semblait ne devoir jamais être surpassé, mais on comptait sans cette fièvre d'armement qui a gagné le monde entier, et dont les événements actuels ne nous font guère prévoir l'achèvement.

Les premiers « Infants », dont on peut admirer la collection à l'arsenal de Woolwich, font aujourd'hui triste figure devant les héros de l'*Inflexible* et du *Duilio*. Ces derniers seront-ils à leur tour surpassés, ou un nouvel engin, plus redoutable encore et moins encombrant,

la torpille, viendra-t-il prendre la place occupée jusqu'ici par l'artillerie dans la guerre maritime, et clore
par cela même l'ère des « canons géants » ?

CHAPITRE II

LES TORPILLES

§ 1. — Du rôle des torpilles dans la guerre navale. — La défense
de Venise par le colonel Von Ebner en 1859.

La guerre de sécession américaine, en créant les monitors, devait inévitablement inaugurer le règne d'engins de défense appropriés à ce colossal système d'armement. La cuirasse avait engendré le « canon géant » ;
tous deux devaient se voir supplantés un jour, comme
le démontrent les récents faits de guerre sur le Danube, par cette arme nouvelle, offensive et défensive à
la fois, la *torpille.*

Nous nous faisons tous, plus ou moins distinctement,
l'idée de ce que peut être une torpille. Les préliminaires d'une guerre navale sont remplis de faits dans lesquels ces engins jouent un rôle considérable. Une nation
belligérante craint-elle de voir assaillir par l'ennemi
les stations militaires ou commerciales qui garnissent
ses rives, elle cernera par une ligne de torpilles ses
ports menacés. Au cas où les eaux avoisinantes ne sont
point définitivement bloquées, injonction sévère est faite
aux bâtiments neutres de ne pas s'avancer au delà
d'une certaine limite, s'ils ne veulent s'engager dans la
terrible ceinture explosive.

Une torpille n'est au fond qu'une enveloppe étanche
de métal ou de bois, bourrée de matière explosive, poudre ordinaire, dynamite ou fulmicoton, et garnie d'une
amorce fulminante destinée à provoquer par sa détonation l'explosion instantanée de la masse. Un navire ennemi vient-il à passer au-dessus de la torpille ou à se
heurter contre elle, sa destruction est certaine ou tout
au moins entre les mains de l'adversaire, qui peut à son
gré enflammer la torpille du rivage, au moyen de l'électricité par exemple.

En 1859, le colonel Von Ebner, chargé de la défense de Venise, avait installé en face de l'entrée du
port une chambre obscure de grande dimension qui,
par réflexion, lui donnait à tout moment l'image exacte
de la rade et des navires qui entraient dans ses eaux.
De 25 en 25 mètres, flottaient dans la mer des torpilles
d'observation, renfermant 200 kilogrammes de coton-
poudre. Qu'un vaisseau de guerre s'engage dans le lugubre cordon, une simple pression exercée sur un bouton relié à l'engin explosif par des fils conducteurs
pouvait provoquer la détonation de la torpille et la
perte de l'imprudent équipage.

Telle que nous la comprenons ici, la torpille ne serait
donc en somme qu'une sorte de fortification flottante,
rempart explosif d'autant plus redoutable qu'il se dé-
robe aux yeux de l'assaillant.

§ 2. — Origine de la torpille. — Son emploi depuis le dix-septième
siècle jusqu'à nos jours. — La guerre de sécession américaine,
la campagne de Crimée, la guerre franco-allemande, la guerre
d'Orient.

Avant que les confédérés du Sud eussent élevé la torpille au rang qu'elle devait conserver dans les guerres

maritimes, le terrible engin avait, dès longtemps, fait ses premières armes.

Déjà, au commencement du dix-septième siècle, Crescento, dans sa *Nautica mediterranea*, et le Hollandais Cornelius van Drebbel d'Alemaër, mentionnent les torpilles. Les Anglais s'en servent au premier siège de la Rochelle. Fulton la proposa en France pendant les premières guerres de la Révolution, et nous la retrouvons en 1810, faisant sauter un brick dans la baie de l'Hudson.

De nos jours, un cordon de torpilles protège les ports russes de Sébastopol et de Cronstadt pendant la guerre de Crimée. En 1870, les Allemands entourent d'une ceinture infranchissable les passes de Kiel, de Jadhe et de l'Elbe. Enfin, pendant la récente guerre d'Orient, nous voyons les Russes protéger par des torpilles leurs côtes de Bessarabie, l'embouchure du Dniéper à Otschakoff, Sébastopol et l'entrée de la mer d'Azof par Kersch, les rades de Balaklava et de Ienikalé. Les Turcs, de leur côté, sèment de torpilles les eaux du Danube, le détroit des Dardanelles, les ports menacés de leur littoral maritime.

Les torpilles se partagent en deux grandes classes, les torpilles *offensives* et *défensives*, que nous examinerons séparément, en nous occupant tout d'abord de celles qui sont spécialement destinées à assurer la protection des ports ou des rades. Des torpilles offensives, nous n'en parlerons que plus tard, ayant besoin, pour les décrire, de connaître déjà l'agencement intérieur d'une torpille ordinaire. Disons tout de suite cependant que les torpilles d'attaque ne sont autres que ces fameux bateaux torpilleurs, dont les audacieux exploits contre les canonnières turques du Danube ont contribué pour une si large part à vulgariser ce merveilleux engin de destruction.

§ 5. — Torpilles *défensives*, *d'observation* ou de *choc*, *dormantes* ou *flottantes*. — Destruction des monitors fédéraux pendant la guerre de sécession.

Les torpilles *défensives* se distinguent elles-mêmes en *torpilles d'observation* et *torpilles de choc*.

Les engins installés par le colonel Von Ebner pour la défense de Venise, étaient des torpilles d'observation. Elles sont, comme on l'a vu, fixes, disposées en cordons ou en quinconces à l'entrée des ports, des baies, ou des rivières dont on veut interdire l'entrée à l'ennemi. La plupart du temps, on les enflamme du rivage à l'aide de l'électricité.

Les torpilles de choc, comme leur nom l'indique, s'enflamment au contact du corps qui vient les frapper, par l'intermédiaire d'un système d'amorces, choisi, selon les circonstances, dans les nombreuses dispositions que nous décrirons plus loin. Les torpilles de choc sont donc des engins auto-inflammables.

Les torpilles d'observation ou de choc ne diffèrent du reste les unes des autres que par le mode d'inflammation qui, dans les premières, reste à la disposition de l'observateur situé sur le rivage. Elles sont amarrées à 2 ou 3 mètres au-dessous de la surface de l'eau.

Si la profondeur de l'eau le permet, les torpilles d'observation peuvent être disposées sur le fond même de la mer ou du fleuve qu'elles protégent. Dans ce dernier cas, elles sont dites *dormantes*, tandis que les torpilles amarrées entre deux eaux sont dites *flottantes*.

Résumons-nous.

1° Torpilles *offensives*, représentées par les *bateaux porte-torpilles*;

2° Torpilles *défensives*, séparées en *torpilles d'observation*, détonant à la volonté de l'observateur, et *tor-*

pilles de choc, à amorces auto-inflammables. Les torpilles défensives sont encore dites *dormantes* ou *flottantes*, suivant qu'elles reposent sur le fond de la mer ou du fleuve, ou qu'elles sont amarrées entre deux eaux, à une profondeur suffisante pour qu'elles puissent facilement être heurtées par les carènes du vaisseau ennemi.

Les torpilles défensives *dormantes* ne peuvent guère être employées que dans le cas où la profondeur de l'eau ne dépasse point une certaine limite. De récentes expériences, faites en rade de Portsmouth sur l'*Obéron*, un des vieux bâtiments à roues de la marine royale, cuirassé à cet effet comme l'*Hercules*, qui porte le pavillon amiral de l'escadre anglaise de la Méditerranée, ont établi qu'une torpille n'avait guère d'effet sérieux qu'à une distance maxima de 15 mètres de l'obstacle à détruire. Encore faut-il, comme c'était le cas dans les expériences de l'*Obéron*, que les torpilles dormantes soient chargées de 226 kilogrammes de fulmi-coton.

Étudions le rôle destructif de la torpille dormante.

Au moment où l'explosion se produit, les gaz développés se détendent brusquement, formant une sphère concentrique à l'engin détoné. Cette sphère gazeuse se précipite vers la surface de l'eau ; mais, à mesure qu'elle traverse les couches liquides, elle perd de son extension, soit par le refroidissement des gaz, soit par leur dissolution dans l'eau. Le rayon d'action de la torpille peut se réduire ainsi jusqu'à devenir nul, à moins qu'on ne veuille se résoudre à augmenter indéfiniment la charge explosive.

Les torpilles *flottantes* sont de beaucoup préférables aux torpilles dormantes. Elles sont dites *fixes*, si on les dispose en lignes parallèles ou en quinconces, à l'entrée d'un port ou d'une rivière, telles les torpilles d'observation ; *mobiles*, si elles sont abandonnées au cours de la rivière, isolées ou accouplées en chapelet. Dans cette dernière classe, rentrent les engins destinés à la destruction des ouvrages d'art ou des bâtiments, lorsqu'on est maître de la rivière en amont des positions occupées par l'ennemi. Pour éviter le choc funeste de ces torpilles, laissées à la dérive par les confédérés bloqués, les marins fédéraux avaient entouré leurs navires menacés de filets métalliques, contre lesquels venaient échouer les redoutables projectiles.

Torpilles d'observation ou de choc, dormantes ou flottantes, possèdent déjà leurs fastes lugubres dans l'histoire des guerres maritimes. La guerre de sécession nous offre naturellement les plus nombreux exemples de destruction. Plus de vingt-cinq navires fédéraux furent mis en pièces ou gravement compromis par les explosions sous-marines.

Le 6 mai 1865, une torpille électrique, renfermant 900 kilogrammes de poudre, détruisit entièrement dans le *James River*, la canonnière fédérale *Commodore Jones*. L'équipage, composé de 150 hommes, périt dans le désastre. Trois marins échappèrent seuls à cette mort affreuse. Détail navrant, les cadavres avaient tous la colonne vertébrale brisée.

Le monitor *Montauk*, les deux transports *Maple-Leaf* et *Harriet-Weed*, vinrent se briser contre les estacades et les barrages armés de torpilles, que les confédérés avaient disposés dans les baies de Charleston et de Savannah.

Les Paraguayens firent un grand usage des torpilles dans la guerre qu'ils eurent à soutenir contre le Brésil. La flotte brésilienne fut arrêtée pendant plus d'une année par les torpilles, dont la marine paraguayenne avait semé ses ports, et qui provoquèrent, entre autres, la destruction du navire cuirassé *Rio-de-Janeiro*.

§ 4. — Disposition et charge de la torpille. — La poudre noire et les poudres brisantes. — Les torpilles au coton-poudre et à la dynamite.

Les torpilles flottantes sont les seules pour lesquelles il soit utile de se préoccuper de la forme de l'enveloppe. Elles ne doivent point en effet produire à la surface de

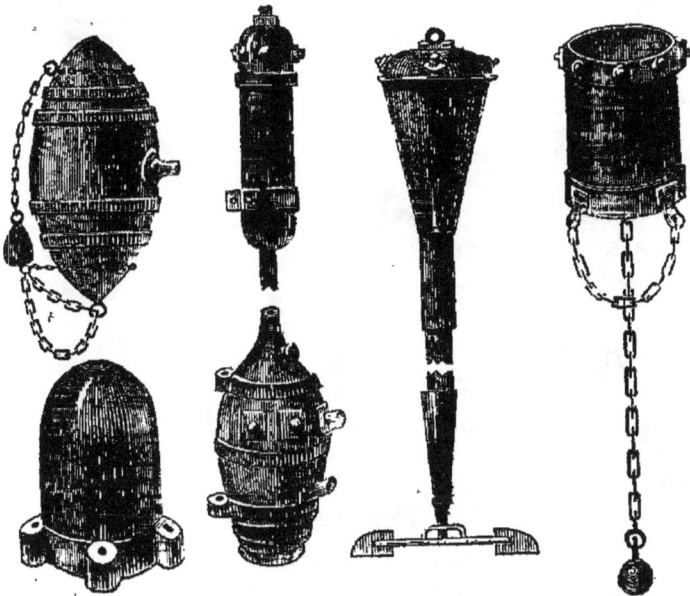

Modèles de torpilles employées pour la défense des côtes.

l'eau de remous qui puissent révéler leur présence à l'ennemi. Il ne saurait en être ainsi pour les torpilles dormantes, dont l'agencement extérieur est indifférent.

Le type des torpilles adopté par les confédérés américains n'a guère varié jusqu'à nos jours. La charge explosive est renfermée dans un solide baril en chêne, rendu étanche par un enduit intérieur formé d'un mélange bouillant de résine, poix et goudron. Deux cônes

en bois, symétriquement juxtaposés aux deux faces du
baril, permettent à la torpille d'opposer une faible résistance au déplacement de l'eau, et augmentent en
même temps sa force ascensionnelle. Diverses autres
formes sont toutefois usitées. Nous représentons sur
l'une de nos gravures les spécimens les plus récents
adoptés par le ministère de la marine; un autre dessin

Torpille trouvée dans le Danube, à Routschouk.

rend fidèlement l'image extérieure d'une torpille russe
retirée récemment du Danube par les marins ottomans,
près de Routschouk.

L'enveloppe étanche, qui renferme la charge de matière explosive, doit être d'autant plus épaisse que la
poudre est plus lente à détoner. Si les plus minces enveloppes assurent la décomposition complète des poudres vives, comme la dynamite et le fulmicoton, une

enveloppe de fonte de 6 centimètres d'épaisseur ne suffirait point pour déterminer la combustion complète
d'une torpille chargée de 200 kilogrammes de poudre
noire. L'enveloppe serait brisée avant que la poudre
n'ait entièrement détoné. Après l'explosion d'une torpille insuffisamment garantie, on remarque que la mer
est noire de poudre.

Si les confédérés de la guerre américaine avaient eu
à leur disposition un engin explosif plus redoutable que
l'antique poudre de guerre, leurs torpilles eussent fait
d'autres merveilles. Mais les corps détonants de la famille
des composés nitrés n'étaient point encore découverts ou
plutôt n'avaient point encore reçu la sanction pratique de leur formidable pouvoir destructeur. Il n'en
est point de même de nos jours, où la dynamite et le
coton-poudre peuvent être considérés comme matières
industrielles véritablement entrées dans le domaine
public.

Ce que nous savons des pouvoirs explosifs comparés
de la poudre noire, de la dynamite et du fulmicoton,
nous fera certainement donner la préférence à ces
derniers corps. Il semble en effet démontré par l'expérience qu'en toute circonstance, que la torpille agisse
à distance ou au contact — ce dernier cas ne peut faire
doute — les effets des poudres vives sont bien plus terribles que ceux des poudres lentes.

Des expériences comparées ont été faites avec des torpilles chargées des trois poudres rivales. Sans rien enlever de la force explosive considérable de la dynamite,
le fulmicoton comprimé a toutefois paru préférable,
par la raison qu'il peut être employé sans danger aucun
à l'état humide, avec une amorce de fulmicoton sec. Le
coton-poudre, comme on sait, est alors sous la forme
de rondelles comprimées réunies en cylindre d'une longueur déterminée. Enflammés, ces cylindres brûlent

sans détoner. Si on les amorce avec une capsule fulminatée, ils font instantanément explosion.

Vers le milieu de l'année 1875, M. le lieutenant Parker, de la marine anglaise, fondateur de l'école de torpilles pour l'instruction de l'armée turque, fit une première expérience à Zeitun Burnou, sur la mer de
Marmara. Une torpille flottante entre deux eaux, char-

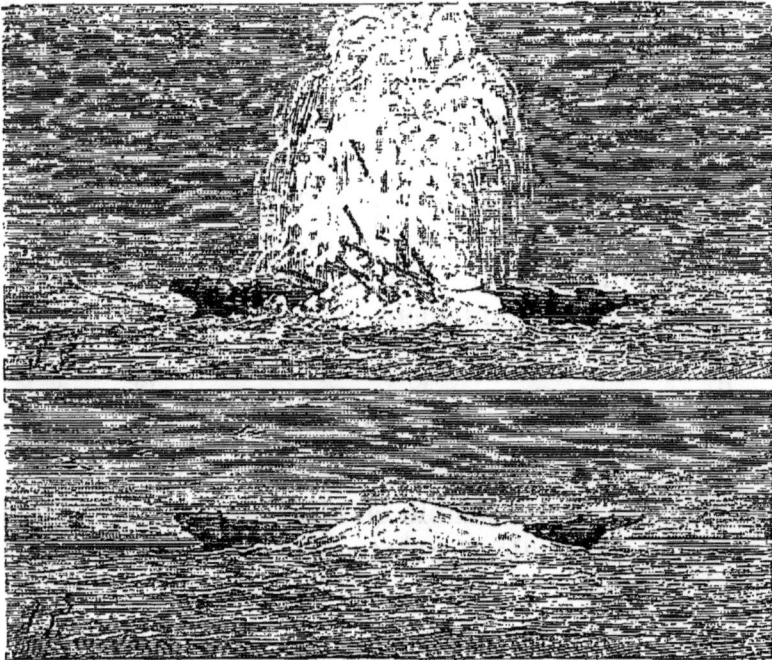

Expériences de l'*Eldorado* en rade de Toulon, en mars 1875.

gée de 45 kilogrammes de fulmicoton, fut mouillée à
3 mètres de profondeur, par un fond de 18 mètres,
à environ un demi-mille du rivage. Un vieux navire
amarré au dessus de la torpille la fit détoner par le
choc. L'effet fut instantané. Une minute après l'explosion, le bâtiment coulait, complétement brisé.

A la même époque, le gouvernement français expérimentait, en rade de Toulon, les mêmes engins, qu'il
dotait d'une puissance autrement considérable que ceux

du lieutenant Parker. Une torpille, chargée de 850 kilogrammes de coton-poudre, fut placée à une distance
de 7ᵐ,50 de l'*Eldorado*, vieille frégate à vapeur hors de
service. L'*Eldorado* eût été coulé bas, si on n'eût pris la
précaution de remplir préalablement sa cale de barriques
vides. Des photographies instantanées, reproduisirent
les deux phases de l'explosion, qui peuvent être suivies
sur notre gravure. L'eau fut d'abord soulevée par l'expansion de l'énorme sphère gazeuse développée par l'explosion ; la gerbe finale atteignait 37 mètres de hauteur.

L'Amirauté anglaise faisait exécuter de son côté des
essais sur des torpilles chargées de dynamite, et il
semble que ces expériences aient été couronnées de
succès.

§ 5. — Torpilles de choc auto-inflammables. — Différents systèmes
d'amorces. — Torpilles d'observation. — Leur détonation par les
appareils électriques.

La forme extérieure de la torpille, l'épaisseur de son
enveloppe et la nature de la charge une fois connues,
nous n'avons plus qu'une chose à considérer, l'*amorce*,
l'inflammation de la matière qui recèle dans sa composition chimique le pouvoir détonant, l'âme de la catastrophe finale.

Les *torpilles d'observation* et les *torpilles de choc* forment deux classes bien distinctes relativement au mode
d'inflammation. Les torpilles de choc destinées à éclater
lorsqu'un corps quelconque vient les heurter, doivent
être munies d'amorces auto-inflammables, tandis que les
engins d'observation sont allumés du rivage, soit par
une mèche Bickford, provoquant la détonation d'une
amorce, soit par le frottement d'un corps rugueux contre un corps détonant tel que le fulminate, soit enfin,
et c'est là le cas le plus fréquent, par l'électricité.

Les systèmes d'inflammation des torpilles de choc sont nombreux, et présentent, pour la plupart, de graves inconvénients, soit au point de vue de leur fonctionnement après un certain séjour dans l'eau, soit au point de vue de la sécurité de leur maniement.

Tantôt on emploie, comme pour les torpilles mouillées en grand nombre dans les ports du golfe du Mexique, un système de leviers en saillie qui jouaient au choc des bâtiments, et, par l'intermédiaire d'un ressort à boudin, agissaient sur une capsule à fulminate qui déterminait l'explosion ; tantôt on utilise une propriété chimique bien connue de l'acide sulfurique, agissant sur un mélange de chlorate de potasse et de sucre pulvérisé.

Cette réaction curieuse avait même été appliquée l'an dernier dans des circonstances que chacun de nos lecteurs a pu vérifier à loisir. A l'occasion des fêtes du jour de l'an 1876, un montreur de puces exhibait rue Vivienne une série de scènes dont cet animal microscopique faisait, bien contre son gré du reste, tous les honneurs. On pouvait remarquer, entre autres faits, promenades, duels, etc., le coup de canon tiré par une puce ! Cette expérience enfantine n'est autre que la reproduction même du jeu de l'amorce par les acides de nos puissantes torpilles.

Considérons donc une puce attelée à un petit manége qu'elle fait tourner. Au côté opposé à l'attelage, un fil de platine porte à son extrémité inférieure une gouttelette d'acide sulfurique. Le liquide arrive au-dessus de l'âme d'un petit canon ; là, il touche une poudre formée d'un mélange de chlorate de potasse et de sucre pulvérisé, qui, comme on sait, a la propriété de s'enflammer spontanément au contact de l'acide sulfurique. Le coup part et fait entendre une détonation appréciable.

Dans l'amorce des torpilles, un tube en plomb, divisé en deux parties se vissant l'une sur l'autre, est introduit à frottement dur dans un bouchon en bronze qu'on fixe sur la torpille. Dans la partie supérieure du tube, solidement calés avec du coton, sont deux tubes en verre mince contenant, l'un de l'acide sulfurique, l'autre un mélange de chlorate de potasse et de sucre pulvérisé. La partie inférieure du tube, munie de renforts en cuivre et percée de plusieurs trous destinés à donner passage à la flamme, est chargée avec une poudre vive quelconque. Le moindre choc détermine la rupture des deux petites ampoules de verre, et, par suite, le mélange des substances détermine immédiatement l'explosion de la masse, absolument comme dans notre expérience du montreur de puces.

Un ingénieux système d'inflammation a été appliqué aux torpilles de choc placées dans le Danube pendant la récente guerre d'Orient. Au milieu de la charge de fulmicoton mouillé et comprimé, on a placé une cartouche de dynamite. Si le navire vient à heurter la torpille, il brise un petit tube de verre contenant de l'acide sulfurique, qui se répand à l'intérieur sur un élément de pile zinc et charbon, dont les fils plongent dans la cartouche de dynamite, ou plutôt dans la capsule de fulminate qui y est annexée. Lorsque ces fils ont atteint la chaleur rouge, ils provoquent la détonation de la dynamite, et par suite celle de la torpille. La charge de fulmicoton varie de 200 à 500 livres.

La destruction du monitor *Montauk*, celle des transports *Maple-Leaf* et *Harriett-Weed*, pendant la guerre de sécession américaine, sont dues à des torpilles de choc, amorcées par le mélange de chlorate de potasse et de sucre pulvérisé, enflammé au moyen de l'acide sulfurique.

Les *torpilles d'observation*, pouvant être enflammées à volonté du rivage qu'elles protègent, ont sur les torpilles

de choc à inflammation automatique des avantages considérables. Avec les premières, les vaisseaux amis ou
neutres ne sont point sujets à partager le sort des navires ennemis ; les *torpilles de choc* au contraire ne sauraient choisir leur victime, le simple contact de la
carène du bâtiment sur l'amorce provoquant l'explosion.

Aussi l'emploi des torpilles d'observation semble-t-il
préférable à tous les points de vue. Que nous voulions,
par exemple, fermer une baie, on l'entourera d'abord
d'un cordon de torpilles de choc auto-inflammables, laissant l'entrée du port libre sur une ouverture d'une centaine de mètres. Cette issue, ménagée pour l'entrée et la
sortie des vaisseaux amis, ne restera point pour cela
sans défense, elle sera gardée par des torpilles d'observation, invisibles pour tous, amis ou ennemis, redoutables seulement pour les assaillants.

Les torpilles d'observation sont facilement enflammées
par des systèmes divers, comme par exemple celui qui
consiste à faire détoner une amorce de fulminate par le
frottement d'un corps dur. Cette disposition a été souvent
employée pendant la guerre américaine. Les navires
fédéraux *Otsego*, *Bazley* et *Cairo* furent ainsi mis hors
de combat.

L'inflammation par les appareils électriques a détrôné
aujourd'hui les nombreux et ingénieux systèmes ima-
ginés pour le sautage des torpilles d'observation. Malgré toute l'importance que les belligérants de la guerre
de sécession attachaient à l'emploi de leurs torpilles,
deux navires seulement, sur le nombre total des bâtiments détruits, furent coulés par les appareils électriques, toutes les autres explosions ayant été développées
par des amorces mécaniques.

Les torpilles de choc auto-inflammables, outre qu'elles
présentent l'inconvénient capital de ne point choisir
leur victime, exigent la plus grande précaution lors de

leur pose ou de leur enlèvement. Elles peuvent encore
devenir une source fatale de sinistres après la cessation
des hostilités, si leur position n'a point été repérée avec
assez de soin pour qu'elles puissent être toutes retrouvées
et enlevées du fleuve qu'elles protégeaient. C'est ainsi
que, la paix conclue entre fédéraux et confédérés, plusieurs bâtiments furent détruits par les torpilles abandonnées dont on n'avait point retrouvé la trace.

Les torpilles électriques ne présentent point les mêmes
dangers. Leur pose est facile, leur amorce n'étant point
sensible comme celles des torpilles auto-inflammables.
Elles sont forcément relevées avec les fils électriques qui
les commandent, lorsque le moment est venu. Les eaux
qu'elles défendent n'offrent en outre aucun danger pour
les neutres, leur détonation étant à la merci de l'observateur situé sur le rivage.

S'il s'agit de défendre un fleuve ou un chenal, les mines
sous-marines seront d'abord disposées en travers, et
les fils conducteurs qui relient chaque torpille à l'appareil électrique convergeront tous vers une station
placée sur le rivage. L'opérateur de cette station pourra
à volonté provoquer la détonation de chacune des torpilles, pourvu qu'il soit averti à temps du passage du
navire ennemi.

Pour cela, on établit sur un autre point de la rive
une seconde station d'où la vue puisse couper la rangée
de torpilles, les deux stations étant reliées par un fil
télégraphique. Dès que l'opérateur de la seconde station voit un navire s'engager dans la ligne explosive, il
avertit la station électrique, qui ferme simplement le
circuit et provoque la détonation.

Malheureusement, la nuit et le brouillard rendent
toute opération impossible au moyen des torpilles d'observation. Les torpilles de choc auto-inflammables ont
à ce point de vue une prépondérance marquée sur les

premières. Toutes deux du reste semblent devoir céder
le pas au *bateau porte-torpilles* ou torpille d'attaque,
résumant à lui seul toutes les qualités que nous avons
déjà reconnues dans les divers systèmes de torpilles défensives étudiés jusqu'à présent.

§ 6. — Les torpilles offensives. — Le bateau-torpille *Thornicroft*. L'*Alarme* et le *Vésuve*.

Les anciens brûlots, auxquels se rattachent les héroïques légendes de l'indépendance de la Grèce, sont les
véritables ancêtres de nos bateaux porte-torpilles. Ca-
naris, portant l'incendie sur les vaisseaux turcs, est
bien le prédécesseur de nos torpédistes, entre les mains
desquels la science a mis ses ressources les plus puissantes et les plus variées. Le brûlot versait ses barils de
goudron enflammé sur les navires ennemis, le bateau-
torpilles attache aux flancs du bâtiment voué à une
destruction certaine le projectile explosif, fiché, comme
une pique, à la tête de son espars.

Les premiers bateaux porte-torpilles furent inaugurés,
comme les torpilles elles-mêmes, pendant la guerre de
sécession. Le 9 avril 1864, le capitaine Davidson, de la
marine confédérée, atteignait avec son redoutable bateau *Squib* le navire amiral *Minnesota*, mouillé à
Hampton-Roads, devant Newport-News, et lui faisait de
graves avaries. L'année précédente, un officier confédéré avait eu l'idée de fixer une torpille à l'avant d'un
petit bateau destiné à des travaux sous-marins, et d'aller
l'attacher au navire-amiral *Hoosatomic*, qui bloquait
Charleston. L'expédition réussit; le vaisseau fédéral
s'abîma dans les flots. Le monitor confédéré l'*Albemarle*
fut détruit à son tour par un bateau-torpille de la marine américaine, commandé par le lieutenant Cusking.

La guerre prit fin lorsque les fédéraux allaient lancer leur *Spuyten-Duyvil*, qui servit seulement à détruire les barrages établis par les confédérés.

Le type le plus récent des bateaux-torpilles armés d'espars a été construit, pour le compte du gouvernement autrichien, par la célèbre maison Thornycroft et Cᵉ de Church-Warf, si connus comme constructeurs d'embarcations à vapeur marchant à grande vitesse. On se représente facilement l'importance que doit avoir, dans un bâtiment porte-torpille, la vitesse de marche, que le bateau se dirige vers le navire attaqué, ou qu'il s'en éloigne sous le feu de l'ennemi, après avoir fixé l'engin explosif.

Le porte-torpille autrichien fut essayé vers la fin de 1873 sur la Tamise, au-dessous du Pont de Londres, en présence de l'attaché militaire de l'ambassade française, vicomte de la Tour du Pin, du baron Spaun, attaché à l'ambassade austro-hongroise, et de l'ingénieur en chef de la marine autrichienne, M. Schneider.

Les dimensions de l'embarcation sont les suivantes :

Longueur à la flottaison. . .	20ᵐ40
Largeur au bau.	2ᵐ65
Creux	1ᵐ25
Tirant d'eau moyen.	0ᵐ61

La coque, divisée en six compartiments par cinq cloisons étanches, est entièrement construite en tôle et en cornières d'acier Bessemer; l'épaisseur des tôles varie de 1ᵐᵐ,05 à 4ᵐᵐ,05. Le pont est en tôle, recouvert d'une toile goudronnée. Les tôles d'acier sont éprouvées avec des balles de fusil tirées à faible distance. Le balles ne traversent pas la tôle, mais forment un enfoncement en forme de coupe, ce qui démontre l'élasticité du métal et sa puissance de résistance aux chocs violents.

Les hommes et les officiers qui montent l'embarcation sont abrités sous des capotes en tôle d'acier, dont la
partie supérieure est munie d'une claire-voie qu'on
recouvre également d'un panneau en tôle pendant
l'action.

L'armement du bateau se compose de deux espars,
sortes de fortes perches de 11ᵐ,60 de longueur, por-

Bateau-torpille Thornycroft.

tant à leur extrémité des torpilles bourrées de dynamite ou de fulmicoton. Ces torpilles, d'une dimension
suffisante pour renfermer 11 décimètres cubes de matière explosive, ou 25 kilogrammes de dynamite, sont
agencées de façon à faire explosion par le choc, ou sont
reliées par des fils conducteurs à une batterie électrique
établie à bord de l'embarcation. La torpille une fois
posée, le bateau s'éloigne en déroulant les fils con-

ducteurs, et l'explosion reste à la volonté de l'équipage.

Les espars-torpilles sont disposés sur le pont de façon
que l'attaque puisse être faite directement à l'avant.
Dans ce cas, il faut arrêter l'embarcation et marcher en
arrière à toute vitesse pour s'éloigner de l'ennemi
aussitôt après l'explosion. L'attaque peut être faite éga-

Le bateau-torpille de l'amiral Parker.

lement sur l'un des bords; dans ce cas l'embarcation
continue sa route et évite ainsi la perte de temps résultant du ralentissement, de l'arrêt et de la marche
arrière.

Dans le bateau de l'amiral Parker, l'espars est fixé
dans le prolongement de l'éperon.

L'importance de la vitesse dans une opération aussi
dangereuse que celle de faire couler un cuirassé ne

saurait être trop appréciée ; de très-nombreuses expériences ont fait voir la difficulté de pointer régulièrement sur une cible mobile. La chaloupe porte-torpilles faisant 18 nœuds, soit environ 32 kilomètres à l'heure, · aura peu à craindre des canons de l'ennemi.

La grande rapidité de marche sert en outre à donner confiance aux hommes qui montent l'embarcation, en leur offrant une chance de revenir sains et saufs d'une expédition pleine de périls. Cette sécurité relative facilite d'autant le recrutement des équipages. Le silence est encore une des conditions indispensables pour mener à bonne fin l'attaque avec les espars-torpilles. Dans les bateaux Thornicroft, le bruit strident de la vapeur qui s'échappe dans la cheminée et qu'on reconnaît facilement de loin, est évité au moyen de l'emploi des condenseurs par surface.

Les expériences sur la Tamise ont pleinement répondu aux promesses des constructeurs. En quittant le chantier, l'embarcation descendit le fleuve à petite vitesse, pour éviter les nombreux bateaux et les canots qui obstruent le port de Londres. En remontant vers la ville, le bateau-torpille passa le long d'un petit schooner en marchant à la vitesse de 10 nœuds, et lança contre lui une torpille non chargée. La torpille frappa le navire vers le centre à 2 mètres ou $2^m,50$ environ au-dessus de la flottaison. Le schooner aurait inévitablement coulé sur place, si l'engin explosif eût été chargé de dynamite ou de fulmicoton.

Avant les essais dont nous venons de parler, les gouvernements de Suède et de Danemark avaient déjà pris livraison de bateaux-torpilles analogues à celui du gouvernement autrichien. Le porte-torpilles l'*Alarme*, construit à Brooklyn, dans les chantiers du New-Yard, possède sept compartiments étanches, et est disposé de façon à pouvoir être entièrement submergé. Il file 15 nœuds

à l'heure, au lieu de 18 nœuds que file le bâtiment
Thornycroft. Le *Vésuve*, récemment essayé dans le bassin de Portsmouth, et qui sort des ateliers de Whitworth, possède au contraire une vitesse supérieure à
celle du bâtiment autrichien. Cette vitesse est évaluée
à 25 nœuds; mais les essais ont démontré qu'il était
difficile de maintenir, avec une vitesse de près de
45 kilomètres à l'heure, la marche en ligne droite.

Cette vitesse de 45 kilomètres à l'heure est, en effet,
considérable. Nos transatlantiques font aujourd'hui
11 à 12 nœuds, soit 22 kilomètres à l'heure. C'est déjà
une bonne course. Le bateau porte-torpilles serait donc
parvenu à les doubler.

§ 7. — Les *Torpilles-poissons* automotrices. — La torpille
Whitehead.

Les bateaux porte-torpilles armés d'espars, tels que le
Thornicroft, l'*Alarme* et le *Vésuve*, combattent pour
ainsi dire corps à corps avec le bâtiment attaqué. De
quelque vitesse qu'ils soient doués, la retraite sous le
feu de l'ennemi offre pour eux le plus grand danger.
Dans des expériences, dont nous allons rendre compte,
qui eurent lieu à Cherbourg entre la *Bayonnaise* et le
bateau-torpille *Thornycroft*, ce dernier fut rejeté à plus
de 15 mètres de distance par la violence de l'explosion.
C'est pour parer à cet inconvénient capital que MM. Lup-
pis, officier de la marine autrichienne, et Whitehead, ingénieur de Fiume, ont mis à l'étude l'agencement d'une
torpille automotrice, lancée d'une distance déterminée,
comme un véritable projectile.

Le bâtiment destiné à lancer les torpilles Whitehead
est muni d'un tube spécial, pouvant être comparé pour
son agencement intérieur à un véritable fusil à vent.
L'air, comprimé à haute pression dans ce tube, agit,

Manœuvre du bateau-torpille dans l'attaque d'un cuirassé.

comme un puissant ressort, sur le projectile explosif,
muni lui-même, pour parcourir sa trajectoire sous-
marine, d'un moteur et d'un gouvernail. L'Allemagne
faisait dernièrement construire en Angleterre un bateau
porte-torpilles de ce système, le *Ziethen*, qui, récemment essayé à Kiel, a obtenu un véritable succès.

De nombreux essais ont été faits avec les torpilles
automobiles. Après Whitehead, Ericson, le fondateur

La torpille-poisson.

des monitors et des tourelles, le savant mécanicien à
qui nous devons l'usage de l'hélice, et l'Américain Lay
qui construisit le premier bateau torpilleur *Spuyten
Duyvil*, mirent au service de cet aventureux problème
toutes les ressources de leurs études antérieures.

La gravure que nous reproduisons ici donne le type
de l'une de ces torpilles automobiles, que leur forme
a fait désigner sous le nom de *torpilles-poissons*. On ne
connaît guère de cet engin que sa forme, ses dimensions approximatives, et son moteur, l'électricité. La
torpille Whitehead possède à peu de chose près la même
forme, mais des dimensions beaucoup plus réduites.

D'après les renseignements qui nous sont parvenus jusqu'à ce jour, la torpille Whitehead consiste en un réservoir en acier, affectant la forme d'un cigare, d'une longueur variable de 4m,20 à 5m,70, et d'un diamètre de 350 à 400 millimètres. Ce réservoir est partagé en trois compartiments, la tête renfermant le coton-poudre, la partie centrale réservée au moteur, une petite machine Brotherhood à trois cylindres, et la queue, où est emmagasiné l'air comprimé nécessaire au fonctionnement du moteur.

Expérimentée sur la Medway, on reconnut que la vitesse de la torpille-poisson était d'environ 4m,10 par seconde ; sa portée étant de 270 mètres, il lui faudrait donc un peu plus d'une minute pour franchir la distance qui sépare le bâtiment porte-torpilles du but qu'il doit atteindre. Ces expériences, répétées sur des engins perfectionnés dans le canal de l'arsenal de Woolwich, à la fin de 1875, à l'occasion des fêtes de Noël, donnèrent des résultats plus brillants encore, et montrèrent que les torpilles automobiles pouvaient parcourir dans des eaux calmes une distance de 400 mètres. D'autres essais, faits au milieu de l'année suivante, auraient assigné à la torpille Whitehead une course maxima de 1000 mètres.

Les torpilles automobiles sont loin toutefois d'avoir dit leur dernier mot. De nombreuses objections sont encore soulevées par les hommes compétents. Ces engins exigent tout d'abord qu'on n'ait point affaire à une mer trop agitée. Le projectile doit posséder en outre une vitesse supérieure à celle du bâtiment qui le ·porte, ce qui force à réduire, au moment du lancement de la torpille, la vitesse du canot agressif. Jusqu'ici du moins, le bateau Thornycroft, armé de ses espars, et filant ses 18 nœuds à l'heure, ne semble point devoir être surpassé par la torpille-poisson, si ingé-

nieux que soit le principe qui préside à son agencement intérieur.

§ 8. — Les récentes expériences avec les bateaux-torpilles. — Le
désastre du monitor turc le *Seïfi*, dans les eaux du Danube.

Les bateaux-torpilles étaient à peine construits que,
en prévision de luttes plus meurtrières, des expériences
curieuses étaient faites dans les rades de nos places
maritimes, entre autres à Cherbourg par des bateaux
Thornycroft, et dans la Méditerranée par le *Desaix*.

Dans l'expérience de Cherbourg, une vieille corvette,
la *Bayonnaise*, remorquée par le *Coligny*, simulait un
bâtiment ennemi forçant les passes et pénétrant dans la
rade. Deux bateaux-torpilles avaient reçu pour mission
de venir croiser sa route, et, au moment où la *Bayonnaise*, arrivant du large, franchirait l'entrée, de l'attaquer à toute vitesse et de la faire sauter. L'espars fixé
à l'avant du *Thornycroft* était armé d'une torpille chargée au coton-poudre. Atteinte par le second bateau, la
Bayonnaise s'enfonça en quelques minutes jusqu'à la
hauteur de ses sabords, les futailles vides dont on avait
eu la précaution de la bonder l'empêchant seules de
couler à fond.

De son côté, l'escadre de la Méditerranée ne restait
point inactive. Le *Desaix*, commandé par le capitaine
Trèves, attaqua, avec une vitesse de 12 nœuds, le
brick le *Lézard*, disposé *ad hoc*, et filant lui-même
6 nœuds. La torpille manœuvrée par le *Desaix* prit le
Lézard en flanc, et l'éventra si bien que, comme dans
les expériences de Cherbourg, il eût coulé bas, sans
les barriques vides dont il était plein.

Depuis la grande lutte américaine, aucun fait d'armes
véritable n'était venu, en dehors de ces explosions purement platoniques de vieilles carcasses mises dès

longtemps au rebut, affirmer aux yeux du monde militaire la terrible puissance des bateaux-torpilles. La récente guerre d'Orient devait nous fournir des exemples plus convaincants de désastres de monitors armés en guerre, garnis de leur arsenal de canons géants, cuirassés aux flancs et aux tourelles, avec leur équipage au complet.

Si nous en croyons les récits, souvent contradictoires, des premiers faits de guerre en Orient, deux des monitors turcs, le *Hifse-Rahman* et le *Seïfi* (*Sabreur*), auraient été victimes des audacieux coups de main des bateaux porte-torpilles de la marine russe.

C'est dans la nuit du 25 au 26 mai que le premier de ces deux monitors fut détruit. La flottille des assaillants se composait de quatre bateaux, analogues au bateau Thornycroft que nous avons décrit, construits en tôle d'acier et armés d'espars à torpilles, ces dernières reliées par des fils conducteurs à une batterie électrique placée dans le bateau même. Deux des quatre bateaux étaient destinés à l'attaque; les deux autres à la défense, comme soutiens.

L'expédition quitta les rives du Danube vers minuit, par une nuit fort sombre, et, grâce au bruit assourdissant des grenouilles du fleuve, put arriver contre les masses noires du monitor. A ce moment seulement, la sentinelle turque interpella l'équipage : — « Qui vive ? » — « Amis ! » répond le major roumain Murgescu, qui avait accompagné les officiers russes. L'accent national trahit l'audacieux officier. Une vive fusillade est engagée, mais la torpille est déjà fixée aux flancs du monitor. Le canot-torpille recule, déroulant les fils de la batterie électrique. Quelques secondes encore, et l'explosion crève la cuirasse du *Hifse-Rahman*, qui sombre lentement, ne laissant plus à la surface du fleuve qu'un tronçon de mât surmonté du pavillon ottoman.

Le *Hifse-Rahman* était un monitor blindé à tourelles. Sa longueur à la ligne de flottaison était de 222 pieds, son déplacement d'eau de 2500 tonnes, son tirant d'eau de 18 pieds, sa vitesse maximum de 12 nœuds; son équipage complet comptait 219 hommes. Il était armé de cinq pièces de gros calibre, deux de 9 pouces dans la tourelle de poupe, deux de 7 pouces dans la tourelle d'avant, et un canon Armstrong du calibre de 40 derrière le blindage d'avant. Son blindage mesurait une épaisseur de 4,62 pouces au centre du navire et 3 pouces à la proue. Jusqu'à la hauteur du grand pont, sa coque était divisée par des cloisons transversales en neuf compartiments étanches.

La perte de l'*Hifse-Rahman* est bien due à des bateaux-torpilles armés d'espars, analogues au bateau Thornycroft. Devons-nous attribuer le désastre du second monitor turc, le *Seïfi*, détruit dans les mêmes eaux de Matchin, à des torpilles automobiles du genre de la torpille Whitehead? C'est ce qui semble ressortir du rapport officiel de Daliver-Pacha, commandant en chef de l'armée du Danube, que nous reproduisons ci-dessous :

« Le *Feth-ul-Islam* était commis à la garde du chenal, sur le point qu'il avait occupé lors du bombardement de Braïla et vers la rive roumaine. Le *Seïfi*, un peu plus en amont, du côté de notre rive, observant le chemin de Matchin à Pot-Bachi, et enfin le vapeur *Kilitch-Ali*, plus rapproché de Matchin. Tous les trois étaient ancrés et sous vapeur.

« Deux embarcations armées faisaient la garde, l'une derrière le *Feth-ul-Islam*, entre le *Seïfi* et la terre, l'autre dans la lagune du milieu. Nombre de matelots veillaient aux proues et aux poupes des navires.

« C'est dans cette situation que deux steamboats russes ont fait leur apparition vers Pot-Bachi, dans la nuit de vendredi à samedi, à sept heures dix minutes.

Le *Seïfi* et les autres navires ont commencé à tirer sur les steamboats, lorsque l'un de ceux-ci, s'approchant du *Seïfi*, a lancé près du gouvernail de ce navire un corps en forme de poisson que nous supposons être une torpille.

« Toutefois cet engin n'a pas atteint le navire et celui-ci a coulé le premier steamboat russe. Le second steamboat est parvenu à se sauver après avoir lancé sa torpille, qui a atteint le *Seïfi*. Ce dernier a été immédiatement envahi par les eaux. Le *Feth-ul-Islam* et le *Kilitch-Ali*, qui étaient sous vapeur, sont accourus au secours du *Seïfi*, dont ils ont sauvé le capitaine et tout l'équipage. Deux matelots seuls ont été légèrement blessés par la fusillade des steamboats.

« Ce fait a été porté à la connaissance de tous les commandants de nos bâtiments, afin qu'ils prennent leurs précautions contre les bateaux-torpilles de l'ennemi, qui circulent en grand nombre dans le fleuve, favorisés par la crue des eaux. »

Les torpilleurs russes n'ont toutefois point eu à compter que des victoires. Leur troisième attaque fut loin d'être, comme les précédentes, couronnée de succès. Trois bateaux-torpilles ayant tenté, dans la nuit du 9 au 10 juin, de faire sombrer un monitor turc devant Sulina, une des chaloupes assaillantes fut coulée bas, son équipage fait prisonnier, et les quelques torpilles que les marins russes étaient parvenus à poser aux alentours du monitor éclatèrent sans occasionner aucun dommage.

§ 9. — Moyens de défense contre les torpilles. — Les *réseaux-torpilles* du *Thunderer*. — Les canots de garde de Hobart-Pacha. — L'éclairage de la mer. — La clôture des forts.

Prévoyant les irréparables désastres de la torpille, les expériences de défense marchèrent vite de pair avec

Attaque par les bateaux-torpilles russes du monitor cuirassé turc *Hifse-Rahman*.

les essais destructifs que nous avons vu faire simultanément, à Cherbourg et dans la Méditerranée, sur le *Lézard* ou la *Bayonnaise*.

Si le navire est en marche, on le revêt d'une sorte de crinoline protectrice, réseau métallique qui forme une ceinture difficile à franchir. Des expériences récentes ont été faites à ce sujet dans la rade de Portsmouth sur un des plus gros cuirassés anglais, le *Thunderer*. Il semble cependant que la crinoline ne puisse donner qu'une protection illusoire. Un bateau porte-torpille solidement construit peut parfaitement traverser un tel réseau métallique, qui ne peut que gêner la marche du navire.

Les vaisseaux sont-ils à l'ancre? Il n'y a guère qu'une active surveillance qui puisse garantir des attaques d'un ennemi presque invisible, muet, doué d'une vitesse qui peut atteindre 45 kilomètres à l'heure. Après les désastres de l'*Hifse-Rahman* et du *Seïfi*, Hobart-Pacha imagina d'entourer les navires d'une chaîne attachée de distance en distance à des canots de garde qui forment cordon autour de la flottille.

On a songé encore à l'éclairage électrique de la mer, et des expériences ont été faites à ce point de vue dans le port de Cherbourg, à bord du *Suffren*. Ce moyen de défense ne peut être tout d'abord employé dans les temps brumeux. Il n'est point non plus facile de distinguer sur une surface mouvante comme la mer, un canot de 15 à 20 mètres de longueur, glissant à ras des flots, disparaissant la plupart du temps derrière les crêtes des vagues, se confondant avec elles par la couleur. Le pointage est extrêmement difficile dans ces conditions exceptionnelles.

S'ensuit-il qu'on doive se résigner à subir la torpille, sans pouvoir lui opposer un engin de force égale? Le problème est en suspens. Les cuirasses les plus résis-

tantes sont toutefois dès aujourd'hui condamnées, si
une solution ne vient vite assurer leur existence, et annuler le rôle de l'arme terrible que nous voyons à
l'œuvre, grâce à l'heureuse audace de ceux qui la manient.

§ 10. — La pose des torpilles en temps de guerre. — La défense
des Dardanelles et du Danube.

La pose des torpilles en temps de guerre, engins de
choc ou électriques, exige de la part des belligérants
les plus minutieuses précautions, s'ils veulent prévenir
les sinistres qui marqueraient le début des hostilités
ou qui suivraient la réouverture des ports ou des passes
que la guerre a utilisées pour la défense. Aussi les
intentions des gouvernements sont-elles tout d'abord
reproduites dans une circulaire portée à la connaissance des intéressés et détaillant les endroits garnis
des caisses explosibles.

Comme exemple de ces avis, nous reproduisons ci-
dessous la circulaire adressée par le gouvernement turc
dès le début des hostilités :

« Les marins et tous les intéressés à la navigation
dans les Dardanelles sont informés que la Porte ayant
décidé de placer des torpilles dans le détroit, aucun navire ne sera autorisé à partir du 51 mai à mouiller
devant les points ci-dessous indiqués. Toute infraction
à cet ordre sera puni d'une forte amende.

« Premièrement : le cap Nagara, dans l'espace compris
entre deux lignes parallèles, dont l'une serait tirée du
cap Abydos jusqu'au point situé au nord de ce cap, sur
le rivage opposé, et l'autre irait de la bouée de Nagara
au château de Bonali.

« Deuxièmement : Chanak-Kalessi, dans l'espace
compris entre deux lignes tirées, l'une de la résidence

La pose des torpilles pour la défense d'un port.

du gouverneur jusqu'à l'extrémité septentrionale du village de Seddul-Bahr, l'autre de la petite bouée au sud du château jusqu'à la batterie de Namzeth.

« Troisièmement : le cap Képher, dans l'espace compris entre deux lignes courant, l'une de Lephez, dans une direction nord-ouest jusqu'au rivage opposé, l'autre de la bouée placée devant la pointe jusqu'à un endroit situé un peu au nord de l'ancrage de Sowandreh.

« Quatrièmement : à Seddul-Bahr, dans l'espace compris entre les lignes qui joignent la bouée de Morte, au nord du phare du château de Menderch à Seddul-Bahr, à l'extrémité occidentale du village de Koum-Kalessi.

« Les ancrages de Nagara, de Chanak, de Képher, de Sari, de Sigles-Bay, de Morte-Bay et de Seddul-Bahr ne sont pas visés par cette interdiction, de sorte que les navires peuvent mouiller en ces endroits comme d'habitude, sans courir aucun danger.

« Les navigateurs sont en outre informés que, très-prochainement, des torpilles seront placées à l'entrée de la baie de Smyrne ; mais, comme elles sont électriques, elles n'offrent aucun danger aux navires qui passent.

« Toutefois, près du phare, des torpilles éclatant par la percussion seront immergées.

« Des ordres ont été donnés par la Porte pour interdire l'entrée et le passage des Dardanelles par n'importe quel navire, après le soleil couché. »

Les chefs militaires doivent s'inquiéter en outre, avec le plus grand soin, du mode de distribution des torpilles, repérer la place de chacune d'elles, afin qu'elles puissent être enlevées plus tard, et débarrasser les eaux des causes d'explosion, désormais inutiles. Les Turcs, paraît-il, auraient négligé ces précautions indispensables pour leurs torpilles du Danube, si l'on en croit la circulaire adressée par le gouvernement roumain à ses agents à l'étranger. Si cet acte de négligence

est authentique, les conséquences peuvent en être désastreuses pour le commerce international, la guerre
d'Orient terminée.

§ 11. — La fabrication des torpilles. — L'explosion de l'école
de pyrotechnie de Toulon. — L'abordage et la torpille.

La fabrication même des torpilles n'offre au fond
qu'un intérêt secondaire. La torpille réside tout entière
dans l'amorce mécanique ou électrique ; l'enveloppe
qui renferme la matière explosive ne vient qu'en seconde ligne, et sa construction ne présente rien qui ne
nous soit connu, pour peu que nous ayons visité une
usine métallurgique.

Les études qui se poursuivent dans nos établissements
de pyrotechnie sur les torpilles sont tenues dans le
plus grand secret, et ne nous sont souvent révélées du
reste que par les sinistres auxquels elles donnent lieu.
Tout dernièrement encore, un enseigne de vaisseau du
plus haut mérite, M. Jacqmin, décoré pendant la campagne de 1870, à la suite d'une blessure reçue à l'armée du Nord, périssait victime d'une épouvantable explosion, pendant qu'il expérimentait une torpille nouvelle amorcée au phosphure de calcium. L'enseigne et
ses deux aides furent broyés, on ne retrouva leurs
corps qu'à l'état de lambeaux épars et informes. On se
perdit naturellement en conjectures sur la source du
désastre. Une goutte de sueur était-elle tombée sur le
phosphure très-inflammable, ou même l'eau de mer en
poussière aurait-elle été projetée par le vent dans le
local de l'expérience?

L'explosion de l'école de Toulon, les désastres plus
considérables que nous a fournis la guerre américaine
et qui marquent déjà les débuts de la lutte en Orient,

nous montrent assez quelle épouvantable puissance la
torpille recèle en ses flancs, puissance qu'elle emprunte
aux corps détonants dont nous retraçons l'histoire.
Parmi toutes leurs applications si diverses, la torpille
est certainement une des plus merveilleuses.

A un point de vue tout particulier, l'emploi prédo-
minant dans les guerres maritimes, des torpilles — à
quelque classe qu'elles se rattachent, torpilles de choc
ou d'observation, bateaux-torpilles eux-mêmes avec
leur audacieux équipage — est un des premiers pas
qu'ait faits la guerre nouvelle dans cette évolution d'un
nouveau genre, qui consiste à reléguer au second plan
la lutte à main armée, et à la remplacer par une série
de conceptions plus ou moins dignes d'admiration,
dans lesquelles la vie humaine est à la merci du plus
monstrueux des hasards.

Quelque respect que nous puissions professer pour les
découvertes de la science moderne, il ne nous est cependant point interdit de mettre en regard de ces victoires de la poudre ou de la dynamite, les légendaires
épopées des marins d'autrefois, lorsque la guerre
navale, dédaigneuse d'engins savamment conçus, comptait au nombre des plus glorieux exploits de ses navires, vierges encore de cuirasses et de torpilles, le duel
régulier du canon et de l'arme blanche. Les surprises
du genre de celles des explosions provoquées par les
engins sous-marins étaient alors chose fort rare. Aujourd'hui, la guerre des hasards fait loi. La mer recèle
à tout instant la mort dans ses eaux silencieuses. Ne
serait-ce point le cas, si on veut bien nous permettre
une citation légère au milieu de tous ces récits sanglants, de répéter la phrase célèbre du légendaire
bourgeois de Paris, et de dire avec lui que, dans les
guerres maritimes, les flottes engagées « naviguent
sur un volcan » ?

CHAPITRE III

LA GUERRE DE CAMPAGNE

§ 1. — Du rôle de la science dans l'art militaire. — Importance
des voies ferrées et de leur destruction dans les guerres de campagne. — L'abandon de la ligne des Vosges après la défaite de
Frœschwiller.

Moins de deux années après la signature de la paix
qui mit fin à la douloureuse épopée de 1870-71, le
premier congrès, de l'*Association française pour l'avan-
cement des sciences* tenait ses séances à Bordeaux. Son
président, M. de Quatrefages, l'illustre professeur du
Museum, dans le discours d'ouverture sur *la Science et
la Patrie*, prononçait ces paroles si dignes de toute
attention :

« La science est tout aussi indispensable au militaire
qu'à l'industriel, au médecin, à l'agriculteur. Certes,
je suis loin de nier la part qui reviendra toujours dans
la guerre au courage, à l'inspiration. Mais il faut que
l'inspiration soit éclairée par l'étude, il faut que le
courage soit servi par des armes égales à celles de l'adversaire. Ressuscitez par la pensée Renaud de Montauban ou le Roland des légendes, placez-les sur Bayard
ou Frontin, couvrez-les de leurs armes enchantées et
lancez-les contre un simple mécanicien monté sur sa
locomotive. Vous savez tous quel serait le résultat du
choc : coursiers et paladins seraient broyés. Cette image
vous fait sentir ce que sera désormais la guerre.... La
science n'en est certainement pas à son dernier mot
sur cet art fatal de tuer, et je ne crains pas de le dire,

dans les luttes futures, la victoire sera surtout aux bataillons les mieux armés par elle. »

Dans une des séances générales qui suivirent, M. le
colonel Laussedat, se faisant, comme M. de Quatrefages,
et avec la même élévation de pensée, l'interprète des
services que la science peut rendre à l'art de la guerre,
disait de son côté :

« La guerre, n'en doutons plus, messieurs, restera
encore longtemps une nécessité, cruelle, j'en conviens,
mais une nécessité, une condition essentielle de l'existence des nations de l'Europe. C'est le cas d'appliquer
l'adage anglais : *To be or not to be.* Pour être un peuple
libre et respecté, il faut être toujours prêt à faire la
guerre, et savoir la faire.

« A coup sûr, ce n'est pas à un congrès de savants
qu'il conviendrait de demander des conseils sur l'organisation des armées, sur des questions de tactique, de
stratégie ou d'administration ; mais l'art militaire embrasse une grande partie des connaissances humaines,
ses progrès doivent, ainsi que nous le disait hier notre
illustre président, suivre autant que possible ceux des
sciences aussi bien que ceux de l'industrie....

« Je trouverais au besoin des indices certains de ce
que j'avance, en parcourant, par exemple, les applications militaires de la physique, de la chimie et de la
mécanique, à la fabrication des artifices de guerre et à
l'étude de leurs effets mécaniques. Je n'aurais pour
cela qu'à citer les travaux récents du professeur Abel
sur le pyroxile ou coton-poudre, ceux que M. Berthelot
a commencés pendant le siége de Paris et qu'il poursuit en ce moment, sur la force expansive des matières
explosibles, les recherches entreprises également depuis deux ans, par des chimistes habiles et par nos
savants ingénieurs des mines, sur les usages militaires
de la dynamite, l'exploseur Bréguet,... les chronogra-

phes électro-balistiques du colonel Martin de Brettes,
du capitaine Schultz, et d'autres encore dont la construction, si bien étudiée par notre grand artiste Fro-
ment, avec le concours de M. Lissajous, continue à être
l'objet des soins de son successeur, M. Dumoulin. Je
m'arrête, car cette énumération, déjà longue, est bien
loin d'être complète, et je ne voudrais pas abuser de
votre patience et de votre attention. »

L'histoire des « canons géants » et plus encore celle
des torpilles, que nous avons tenté de retracer dans
nos deux précédents chapitres, sont là pour corroborer
les sages et patriotiques paroles des deux savants pro-
fesseurs. A défaut de toute connaissance technique, il
nous suffirait du reste, pour être parfaitement éclairés
sur le rôle que peut jouer la science dans l'art de la
guerre, de nous reporter aux jours lointains déjà, mais
proches encore dans notre souvenir, de la dernière
guerre franco-allemande.

Si, après nos premières grandes défaites, l'ennemi a
pu fondre sur nous, et couvrir d'un seul coup, comme
d'un vaste filet, notre territoire de sa sanglante invasion,
c'est en grande partie à l'étude approfondie et à la
mise en pratique des moyens scientifiques dont il pouvait disposer, que nous devons attribuer sa rapide victoire.

L'implacable leçon que nous avons reçue de nos vain-
queurs a porté ses fruits; notre armée est aujourd'hui
reconstituée sur des bases solides; nous pouvons donc
avouer avec franchise que, avec un peu plus d'éduca-
tion scientifique et un choix plus judicieux des moyens
de défense, notre défaite eût été, sinon moins certaine,
tout au moins plus lente à venir.

Notre but n'est point de revenir en arrière, et de
supputer les causes qui nous ont conduits, d'étape en
étape, aux dures conditions qui nous ont été imposées.

Ces causes sont trop multiples, et nous n'avons du reste pas qualité pour faire une telle étude. Un exemple, entre tous, nous montrera cependant de quel poids peut peser, sur le résultat final d'une campagne, l'adoption ou le rejet de certaines mesures de premier ordre, qui peuvent être rangées dans les attributions spéciales des corps explosifs.

Après la défaite de Frœschwiller, par une suite de circonstances fatales, les Vosges, « cette ceinture de l'Alsace », réputées imprenables, tombaient au pouvoir de l'ennemi. Une seule circonstance cependant eût pu retarder encore la marche de l'armée allemande victorieuse, donner aux débris de nos légions vaincues le temps de se réunir, et de tenter une dernière fois le sort des batailles. Le génie militaire avait-il, à l'exemple de l'état-major allemand, fait miner les tranchées profondes et les tunnels qui traversent le massif montagneux?

Nous savons tous qu'il n'en était point ainsi. Les Vosges étaient complétement sans défense. Comme une cuirasse mal assemblée dont les joints ouverts ne protègent plus la poitrine de celui qui la porte, le rempart des Vosges était troué à jour par les ouvrages d'art des voies ferrées, qu'une simple prévoyance commandait cependant de faire sauter.

Les chambres de mines furent bien exécutées, mais on négligea de s'en servir.

Un homme, bien placé pour connaître cette désastreuse histoire, M. Jacqmin, ingénieur en chef des ponts et chaussées, membre de la Commission militaire des chemins de fer, directeur de la Compagnie du chemin de fer de l'Est, nous a raconté, dans la belle étude qu'il a consacrée à l'exploitation des chemins de fer pendant la guerre de 1870-71, ce lamentable épisode des premiers jours de nos défaites.

« Informée que, sur le territoire allemand, les ingé-

nieurs préparaient de très-nombreux fourneaux de
mines dans les principaux ouvrages d'art des chemins de fer et dans les grandes tranchées, la Compagnie de l'Est — écrit l'auteur — demanda, le 18 juillet 1870, au ministre de la guerre s'il ne jugeait pas
opportun de faire faire des travaux semblables sur les
lignes françaises, et notamment dans les souterrains et
dans les grandes tranchées de la traversée des Vosges.
Le ministre de la guerre répondit immédiatement et
demanda à la Compagnie de faire exécuter ces travaux,
après ententé avec les commandants du génie pour le
choix de l'emplacement des fourneaux.

« Ces travaux furent exécutés, mais il n'appartenait
pas à une compagnie industrielle de charger les fourneaux, encore moins de donner l'ordre de détruire des
lignes qui pouvaient servir à des mouvements stratégiques.

« Lorsque parvint à Paris la nouvelle de la perte de
la bataille de Frœschwiller, on ne comprit pas la gravité
de cet échec : on supposa que les corps d'armée Mac-
Mahon et de Failly se reformeraient sur le versant
oriental des Vosges, pour se maintenir sur la défensive,
et on ne donna aucun ordre relatif aux souterrains du
chemin de fer. Les représentants locaux de l'autorité
militaire n'osèrent rien prendre sur eux, et deux ou
trois jours furent ainsi perdus. Lorsque enfin on se décida à Paris à donner des ordres de destruction des ouvrages, il était trop tard : ceux-ci étaient occupés par
les Allemands, « dont rien n'égala la joie, dit un de
« leurs historiens, lorsqu'ils découvrirent qu'aucun
« obstacle n'arrêtait leur marche dans la traversée de la
« ligne des Vosges[1]. »

---

[1] *Les chemins de fer pendant la guerre de* 1870-71, par Jacquin.
Paris, Hachette, 1874.

La destruction des voies ferrées et des ouvrages d'art qui les traversent est devenue en effet un des grands ressorts de la tactique militaire moderne. Nous n'avons point à examiner les points spéciaux qui se rapportent à cette branche de l'art de guerre, le plus ou moins d'importance que peut avoir, par exemple, une ligne de fer pour l'attaque ou la défense d'un corps d'armée, considérée comme ligne stratégique. Il nous suffit seulement de savoir qu'il y a en certaines occasions, comme nous l'a démontré la triste expérience des Vosges, nécessité absolue de détruire une voie ferrée ou les ouvrages d'art qui en font partie. Nous étudierons donc ce qui regarde spécialement la destruction des voies de fer, nous réservant cependant de développer çà et là quelques considérations générales sur ce sujet nouveau, dont l'importance a paru assez capitale aux gouvernements, pour qu'ils gardent, dans leurs armées de campagne, une large place au *Bataillon militaire des chemins de fer*.

§ 2. — Destruction du pont de Kehl par les Allemands, le 22 juillet 1870. — Destruction du souterrain de Nanteuil (réseau de l'Est), par le génie militaire français. — Ouvrages d'art, ponts, viaducs, tunnels, détruits par les belligérants sur les divers réseaux français, pendant la campagne de 1870-71.

Les Allemands inaugurèrent la guerre de 1870 par un fait d'armes qui eût dû nous donner tout de suite la mesure du système d'attaque et de défense qu'ils comptaient employer pendant la campagne.

Le 22 juillet 1870, la gigantesque travée tournante du grand pont de Kehl, sur le Rhin, s'abîmait sous l'explosion de la pile qui la supportait. Le rivage français et la frontière badoise étaient désormais séparés. L'ex-

trémité allemande de l'œuvre d'art, dont l'inauguration
avait été célébrée cependant par des serments d'amitié
et de paix éternelles, pendait tristement dans le fleuve,
comme l'aile brisée d'un colossal oiseau de fer.

Nous savons quel lamentable résultat eut pour le succès de nos armes l'abandon de la ligne des Vosges, dont

Destruction du pont de Kehl par les Badois.

les souterrains restèrent sans défense. La destruction
du tunnel de Nanteuil, sur le réseau de l'Est, et les em-
barras sérieux que cette opération devait entraîner pour
l'ennemi, montreront, encore mieux que nous n'avons
pu le faire tout à l'heure, l'importance que le génie
militaire doit attacher à la rupture des ouvrages d'art
des lignes de fer.

Six fourneaux de mines, chargés chacun de 200 kilogrammes de poudre, furent placés trois à trois, en face l'un de l'autre, à 4, 12 et 20 mètres de l'embouchure de la galerie. Après l'explosion, la voûte et les pieds-droits du souterrain étaient détruits sur une longueur de 25 mètres, et avaient provoqué l'éboulement de plus de 4000 mètres cubes de terres meubles, dans lesquelles le creusement d'un nouveau tunnel devenait chose presque impossible, surtout dans les conditions exceptionnelles d'un travail de reconstruction exécuté au milieu de toutes les difficultés d'une occupation étrangère.

L'ennemi commença d'abord par traverser l'éboulement au moyen d'une petite galerie de direction, approfondie jusqu'au niveau des rails restés en bon état. La reconstruction touchait à sa fin, lorsque les marnes friables qui composaient le massif, se délitant sous l'action des pluies persistantes, comblèrent sous leur éboulement les travaux qui semblaient déjà menés à bonne fin. Les travaux furent abandonnés, et les ingénieurs allemands résolurent de contourner le massif par une voie auxiliaire de 5 kilomètres. Le 29 octobre 1870, la locomotive parcourait cette ligne de fer improvisée, et le 18 août 1871 seulement, la Compagnie de l'Est rétablissait le service dans le souterrain.

En dehors du tunnel de Nanteuil, cinq autres souterrains furent détruits sur le réseau de l'Est : ceux d'Armentières, Rilly-la-Montagne (près Reims), Saint-Loup (près Provins), et Montmédy ; deux sur le réseau de l'Ouest : Rolleboise et Martainville ; le souterrain de Vierzy sur le réseau du Nord.

Parmi les ouvrages détruits par les belligérants, nous signalons en première ligne les tunnels, ce genre d'ouvrages devant être placé au premier rang de ceux qui peuvent arrêter la marche en avant de l'ennemi. Ce que nous avons dit du souterrain de Nanteuil nous l'a suffisamment démontré, et encore cet ouvrage se présentait-il dans le cas tout particulier d'un massif montagneux qui peut être contourné, ce qui sera absolument impossible lorsque le tunnel aura son embouchure dans le cœur même de la montagne.

Quoique venant en seconde ligne, les ponts et les viaducs occupent encore une place considérable dans la défense des lignes ferrées. On s'en convaincra par l'énumération suivante des ouvrages d'art de ce genre, détruits par la mine, sur les divers réseaux français, par les belligérants.

Cinquante-neuf ouvrages, dont trente-sept ponts, quatre grands viaducs, cinq souterrains, et treize ouvrages divers, furent détruits sur le réseau de l'Est, en dehors du grand pont de Kehl, construit à frais communs par le grand-duché de Bade et la Compagnie française :

Neuf ponts sur la Marne, à Chalifert, Iles-lès-Villenoy, Trilport, Vitry-le-François, Châlons (Mourmelon), Villiers, Provenchères, Nogent-sur-Marne.

Quatre sur la Seine, à Saint-Germain près Montereau, Bernières, Saint-Julien et Fouchères.

Un sur l'Aube, à 10 kilomètres de Clairvaux.

Trois sur la Moselle, à Fontenay-sur-Moselle, Longeville-lès-Metz et Langley (près Charmes).

Cinq sur la Meuse, à Mohon et au Petit-Bois (près Charleville), Revin, Donchery (près Sedan) et Verdun.

Un sur la Saône, à Savoyeux (près Gray).

Un sur l'Ognon, à Lure.

Un sur le Rhin *Tortu*, aux abords de Strasbourg.

Six sur la rivière de la plaine d'Alsace, le Wergraben, l'Andlau, le Giesen, l'Altenbach, la Fecht et l'Ill.

Quatre sur la Chiers, ligne de Charleville à Thionville et à Longwy.

Quatre grands viaducs : Bertraménil et Xertigny (près d'Épinal), Dannemarie (près Belfort), Thonne-les-Prés (Chauvency).

Deux ponts à la traversée des fortifications de Paris et de Strasbourg.

Treize ouvrages divers.

Comptons également les cinq souterrains que nous avons déjà nommés plus haut.

La guerre étrangère, et, après elle, la guerre civile, détruisirent, sur le réseau de l'Ouest :

Six ponts sur la Seine, à Argenteuil, Chatou et Croissy (détruits par les Français), Bezons et Orival, près d'Elbeuf, par les Allemands.

Quinze viaducs furent également renversés par les belligérants, tant sur la ligne de Rouen au Havre que sur celle du Mans à Versailles.

Neuf ouvrages de premier ordre furent atteints sur le réseau d'Orléans, trois par les ordres du génie français, et six par ceux du génie allemand.

Le viaduc de Beaugency et le pont de Montlouis, sur la ligne d'Orléans à Tours ;

Le pont de Cinq-Mars, sur la ligne de Tours à Nantes ;

Le pont de l'Yère, sur la ligne du Centre ;

Le pont de Saint-Cosme et celui de l'Huisne, sur la ligne de Tours au Mans ;

Les ponts de Châteaudun, de Cloyes et Vendôme, sur la ligne de Brétigny à Tours.

Les trois ponts de Montlouis, de Saint-Cosme et de Cinq-Mars sont d'importants ouvrages d'art sur la Loire.

La vaillante campagne du Nord ne fut pas moins fatale aux œuvres d'art du réseau qui traversait le territoire des belligérants.

Quarante-cinq ouvrages furent plus ou moins détruits ou endommagés :

Trois ponts sur l'Oise, à Pontoise, à Épluches et à la Versine;

Un pont sur l'Aisne, à Soissons ;

Trois viaducs, Origny, Gland et le viaduc de l'Oise, près d'Hirson ;

Un pont sur le canal, à Saint-Denis, près Paris ;

Deux ponts sur la Somme, à Daours et à Aubigny ;

Et le viaduc de Saint-Benin, près du Cateau.

Le réseau de Paris-Lyon-Méditerranée entre pour quinze ouvrages dans cette triste nomenclature des destructions nécessitées par la guerre. Onze furent détruits par les Français, quatre par les Allemands.

Les ouvrages détruits par les Français sont :

Le pont des fortifications de Paris, en septembre 1870 ;

Celui de Laroche-sur-Yonne, le 26 janvier 1871 ;

Le pont de Crécy sur l'Armançon, le 26 novembre 1870 ;

Celui de Buffon sur l'Armançon également, détruit pour la première fois par les Français le 30 décembre 1870, reconstruit par les Allemands, et détruit de nouveau par les Allemands le 3 février 1871 ;

Le pont sur le canal de Bourgogne à Dijon, pendant la première occupation des Allemands ;

Celui de Nuits-sous-Ravières, le 14 novembre 1870 ;

Les quatre ponts sur le Doubs, entre Clerval et Besançon, les 6, 9 et 10 novembre 1870 ;

Le pont sur la Seine près de Juvisy, le 15 septembre 1870.

Les Allemands ne démolirent que quatre ouvrages :

Le pont de Montbéliard sur l'Allan, le 21 novembre 1870 ;

Les ponts de Gray sur la Saône, le 28 octobre 1870 ;

Ceux de l'Abbaye d'Arc, sur l'Ognon, le 19 décembre 1870, et du Bez près Souppes, en novembre 1870.

Lorsque la guerre fut terminée, les Compagnies françaises durent dépenser près de trente-trois millions pour remettre leurs lignes en état d'exploitation régulière. Les deux Compagnies de l'Est et de l'Ouest entrèrent à elles seules, dans cette énorme évaluation, pour vingt-sept millions.

§ 3. — Sautage des palissades, portes, cloisons, murs. — Avron, Buzenval et le Drancy. — Destruction de ponts en fer ou en pierre. — Enlèvement des rails. — Destruction du matériel roulant, locomotives, wagons, etc.

On a souvent besoin, dans les opérations nécessitées par la guerre de campagne, de provoquer le sautage d'une palissade, d'une cloison, et même d'un mur. Il suffit de disposer, à la base de l'obstacle, un saucisson de dynamite enveloppé de toile, et contenant une charge variable avec la résistance moyenne que l'opérateur pense rencontrer. Pour les portes, cloisons ou plâtras, on dispose des cartouches de 80 à 100 grammes, distancées de 10 en 10 mètres. Pour la palissade ordinaire, le saucisson doit peser environ 2 kilogrammes par mètre courant.

La destruction d'un mur exige de plus fortes charges. En décembre 1870, un mur en moellons de 35 centimètres d'épaisseur fut renversé à Avron par l'explosion de boîtes de dynamite, contenant chacune $2^{kil},500$ de matière explosive, et distancées de 10 en 10 mètres.

Même opération fut renouvelée à Buzenval, sur les murs du parc derrière lesquels l'ennemi s'abritait.

Les postes allemands de Drancy, établis dans les maisons des garde-barrières du chemin de fer, furent détruits en janvier 1871, par l'explosion d'une charge de 6 à 12 kilogrammes de dynamite, placée au milieu de la salle du bas. Ces maisons avaient 5 mètres de

largeur, 3ᵐ,50 de hauteur, et l'épaisseur des murs
était de 50 centimètres. L'explosion de la dynamite
détermina la destruction complète.

Le renversement d'ouvrages plus résistants, tels que
les ponts, viaducs ou tunnels, exigera certainement une
charge de dynamite plus considérable et de plus
grandes précautions.

S'il s'agit d'un pont ou d'un viaduc en maçonnerie,
on peut disposer au niveau des naissances des piles,
des chambres de mines qu'on remplit de substances
explosives. On pourrait se contenter de disposer sur la
clef de l'arche, et parallèlement aux génératrices de
douelles, un fort cordon de dynamite, recouvert de
terre et de lourds matériaux, pour augmenter le plus
possible la force expansive des gaz de l'explosion. Il est
préférable encore de construire sous le pont un écha-
faudage volant, d'y placer de la dynamite, et de provoquer ainsi le soulèvement de la clef et l'affaissement
de l'arche.

Lorsqu'on fait usage, pour le sautage d'un pont, de
chambres de mines déjà placées, il est bon de s'assurer
si ces chambres sont situées dans les piles de rives ou
dans celles du milieu. Dans le cas où elles auraient été
ménagées d'avance dans les piles voisines du rivage,
il sera préférable de provoquer la destruction des
arches médianes, de préférence aux culées. Lors du
sautage du pont de Fontenoy-sur-Moselle, qui attira de
la part de l'ennemi une répression demeurée célèbre
dans l'histoire de la guerre, les Allemands avaient
rétabli en 17 jours la circulation interrompue seulement par la destruction de la pile Est.

Si l'emploi des explosifs nouveaux, dynamite ou
coton-poudre, est bien préférable à celui de la poudre
noire pour le renversement des ouvrages en pierre, il
devient absolument indispensable lorsqu'il s'agit d'une

construction en fer. L'action de la poudre ordinaire sur les ouvrages métalliques est en effet très-faible, à moins que ces ouvrages ne soient attaqués par les piles ou les culées en maçonnerie. L'attaque des travées métalliques elles-mêmes est du domaine de la dynamite. Lorsqu'il s'agit de ponts à poutres en tôle, on coupera chacune des poutres, autant que possible près des points d'appui, pour que toute la construction tombe à l'eau. Ainsi furent détruits les ponts de Billancourt, Saint-Ouen et Bougival. Il suffit d'appliquer contre les poutres des boudins chargés de quelques kilogrammes de dynamite.

La même substance explosive qui avait entraîné la destruction d'un de ces ouvrages d'art, fut employée à retirer du fleuve, dans lequel elles s'étaient abîmées, les épaves de l'explosion. On parvint ainsi à débarrasser l'arche du milieu du pont de Billancourt, qui pesait près de 50 000 kilogrammes. Des plongeurs disposaient contre les poutres en fer immergées des boîtes en zinc chargées de 2 kil. 500 de dynamite, dont on déterminait l'explosion du rivage au moyen d'un appareil électrique.

Les explosifs sont encore employés, dans la guerre de campagne, au bouleversement des remblais, au comblement des tranchées profondes qui bordent les voies de fer. La destruction de la voie, l'enlèvement des rails s'effectuent promptement avec l'aide de la dynamite.

En disposant, dans la gorge formée entre le champignon et le patin du rail, une charge de 1 kilogramme de dynamite ou de coton-poudre comprimé, on obtient dans le rail une brèche de 25 à 35 centimètres.

Le matériel roulant, les divers appareils des gares que l'on se voit forcé d'abandonner dans une retraite, et qu'il serait coupable de laisser tomber entre les

mains de l'ennemi — quelque répugnance qu'on puisse
avoir à détruire de semblables produits de l'intelligence
humaine, créés en temps normal pour le bien-être de
tous, et non pour être les victimes d'un conflit souvent
inexplicable — ces appareils sont facilement mis hors de
service par les matières explosives. Les tubulures des
locomotives, les boîtes à graisse des voitures, les réservoirs d'eau, les machines d'alimentation, devront donc
être bourrés de cartouches de dynamite ou de rondelles de coton-poudre. La réparation de semblables
avaries exigera un temps considérable.

§ 4. — Les sections militaires de chemins de fer depuis la campagne de Sadowa. — Le corps franc de l'armée du Rhin — Organisation actuelle du bataillon allemand des chemins de fer.

L'armée prussienne employa pour la première fois,
dans la rapide campagne qu'elle fit en 1866 contre
l'Autriche, des détachements spéciaux, distincts du
génie militaire, et dont la mission était de reconstruire
les ouvrages détruits par l'ennemi, ou de renverser
ceux dont la destruction pouvait être de quelque utilité
pour le succès de ses opérations stratégiques.

Cinq sections de chemins de fer de campagne, dont
quatre prussiennes et une bavaroise, analogues aux
sections des postes et des télégraphes de campagne, fu
rent créées par les Allemands lors de la guerre de 1870.

De notre côté, nous ne restions point inactifs, et nous
organisions le corps franc de chemins de fer de l'armée
du Rhin, qui malheureusement resta complétement
inactif. Concentré rapidement à Metz, il subit le sort
commun. Les approvisionnements mis en réserve dans
les arsenaux de Metz et de Strasbourg tombèrent au

pouvoir de l'ennemi, qui retourna contre nous, comme il le fit lors du bombardement de Paris, l'outillage militaire destiné à le combattre.

| Reconnaissant à juste titre les services exceptionnels rendus à son armée par les sections de chemins de fer, l'état-major allemand, dès l'achèvement de la guerre, décida la formation du bataillon spécial des chemins de fer, qui servit récemment de cadres à un régiment.

L'organisation de ce bataillon fit le sujet d'un rapport très-instructif de M. le lieutenant d'état-major G. Naville au Conseil fédéral suisse. L'étendue de ce document ne nous permet pas de l'insérer à cette place, bien que sa lecture soit profitable à plus d'un titre. Un paragraphe spécial y est réservé pour la destruction des voies ferrées par les explosifs, dynamite ou coton-poudre.

Dans l'œuvre de reconstitution de notre armée après 1871, la commission militaire n'a certainement point oublié la réorganisation de nos sections de chemins de fer capturées à Strasbourg et à Metz.

Fidèle à sa devise « toujours en vedette, » l'état-major allemand travaille avec ardeur, et nous lisions dernièrement le récit des travaux véritablement remarquables exécutés par le bataillon des chemins de fer, travaux de voies, de ponts, de tunnels, exploitation régulière du chemin militaire qui conduit de Berlin à Zosseg, où se trouve la nouvelle place pour les exercices de tir de l'artillerie.

L'Autriche possède également des sections de chemins de fer de campagne. Il est plus que probable que chacun des grands États du monde civilisé ne s'est point laissé dépasser entièrement, sur ce chapitre de l'art de la guerre, par le jeune empire allemand.

L'organisation du bataillon des chemins de fer est la

conséquence toute naturelle de l'application des découvertes scientifiques à l'art militaire. Inaugurée par la guerre de sécession américaine, la tactique nouvelle a passé l'Océan pour venir s'implanter dans le vieux monde. La science des armes tiendra bientôt tout entière dans quelques pages d'un traité de chimie industrielle ou dans un manuel d'exploitation militaire des voies ferrées. Quelques kilogrammes de dynamite ou de fulmicoton se jouent déjà de la valeur, jadis invincible, des paladins.

CHAPITRE IV

LES VICTOIRES PACIFIQUES

§ 1. — Les travaux publics dans l'antiquité et dans le monde moderne. — Influence de la découverte des corps explosifs.

Si l'art militaire, avec tous les perfectionnements que sont venues successivement lui apporter les découvertes de la science, offre un vaste champ d'expériences à l'emploi de la poudre à canon et des nouveaux corps détonants, les travaux d'utilité publique, dont le développement s'est accentué d'une manière si grandiose depuis l'ouverture des voies ferrées, assure aux explosifs une série de conquêtes bien plus profitables encore. Au nombre de ces « victoires pacifiques » se placent en première ligne l'exploitation des mines et l'exécution des grands travaux souterrains, dont les tunnels du Mont-Cenis et du Saint-Gothard sont les spécimens les plus remarquables. Le tunnel américain de Hoosac, la destruction récente du récif de Hell-Gate, qui fermait l'entrée du port de New-York, peuvent également être signalés après les deux œuvres magistrales des passages transalpins.

Le rôle prépondérant que jouent les corps explosifs dans l'extension toujours croissante du génie de l'homme, se révèle au premier coup d'œil jeté sur le monde moderne. Quelle main puissante a foré ces souterrains au fond desquels nous voyons serpenter et se perdre les voies de fer. Quelle nouvelle Durandal a découpé ces tranchées profondes, dont les flancs à pic montrent la roche encore fraîche, toute constellée de paillettes brillantes de quartz ou de mica? La poudre seule a eu raison de l'inertie muette de la montagne. Cette résistance, que le plus dur métal n'eût vaincue qu'au prix d'efforts surhumains, quelques kilogrammes de matière explosive l'a surmontée, et le roc, jusque-là invincible, s'est effondré bruyamment sous l'énorme pression des gaz développés par l'explosion.

Longtemps rebelle à la volonté de l'homme, la montagne se courbe et s'aplanit aujourd'hui, se prêtant docilement au tracé de l'ingénieur. Les sinuosités les plus tortueuses, les roches les plus dures, ne sont plus que des obstacles insignifiants, qu'une cartouche de dynamite va rectifier ou réduire en poussière. Veut-on découvrir un riche filon métallique dont l'existence est signalée par le géologue à une profondeur considérable, c'est encore l'explosion qui nous ouvrira le chemin, comme elle vient de préparer la voie sur laquelle roulera désormais la locomotive.

Plus peut-être qu'aucune autre branche du savoir humain, l'introduction des explosifs dans les travaux d'utilité publique nous offre un exemple frappant de l'influence que peut exercer une découverte scientifique sur la marche de la civilisation. Exploités aujour-

d'hui par des hommes soumis, il est vrai, à de durs
labeurs, mais libres cependant, les gisements souterrains formaient autrefois le triste apanage des esclaves
et des vaincus. Diodore nous a conservé, dans sa vérité
navrante, le portrait de ces suppliciés du monde ancien,
déchirant le roc jusqu'à l'heure de la mort, cloués vivants à leur inexorable tombeau. Suivant Pline, trente
mille esclaves périrent, sous l'empereur Claude, au
creusement de l'émissaire du lac Fuccino, restauré de
nos jours. On ne peut considérer sans frémir les vestiges cyclopéens des dynasties pharaoniques, les temples
de la vallée du Nil, les nécropoles royales de Thèbes et
de Memphis, les restes plus monstrueux encore des
vieilles religions de l'Inde, ces colosses, empereurs ou
dieux, fouillés dans la pierre, œuvres sans égales par
la grandeur et par une sorte de majesté sauvage, ac-
complies sans qu'un grain de poudre soit venu soutenir
de sa force inconsciente les infortunés, condamnés à
éterniser la gloire de leur maître ou la toute-puissance
de leur idole.

Quarante siècles se sont succédé depuis ces temps
lointains, éclairant successivement, à mesure qu'ils se
rapprochaient davantage de nous, des civilisations plus
avancées, des mœurs plus clémentes. Les distinctions
de castes se sont peu à peu effacées; notre société n'a
plus de place pour l'esclave ni pour le vaincu. Le rôle
de la science moderne est de faire intervenir de plus
en plus, dans la vie pratique, cette égalité déjà procla-
mée dans le monde moral, d'enlever à l'homme pour le
reporter sur la machine ou sur toute autre force inerte,
les labeurs cruels d'autrefois. Au nombre des découvertes qui, dans la suite des âges, auront contribué à
résoudre le grand problème que nous nous contentons
d'énoncer, se place certainement l'emploi des corps détonants. Poudre ou dynamite, picrate ou fulmicoton,

ne remplacent-ils pas aujourd'hui, pour pulvériser le roc, pour l'arracher des entrailles de la carrière, pour le dégrossir au gré de l'artiste, les milliers de bras de ces forçats de l'Égypte ou de Rome, que Dante semble avoir oubliés dans le lugubre défilé de ses tourmentés de l'Enfer?

Et cependant, combien plus puissantes, plus majestueuses sont les œuvres produites par notre civilisation moderne! Enlevez à l'émissaire romain du lac Fuccino le prestige dont on revêt volontiers les précieux restes du monde antique, et placez en regard de ce grossier souterrain les merveilleux tunnels du Mont-Cenis ou du Saint-Gothard, la comparaison ne sera point difficile à établir, et la balance penchera fortement du côté de nos ouvrages modernes. De même pour l'exploitation des galeries souterraines, mines de houille ou gisements métallifères, combien éloignés sommes-nous des méthodes rudimentaires de nos devanciers! L'art de l'ingénieur marque tous nos travaux de son empreinte puissante. Tandis que les gigantesques vestiges qu'ont laissés derrière eux les peuples disparus éveillent en nous les lamentables souvenirs d'une civilisation basée tout entière sur l'esclavage du plus grand nombre, à chacune des œuvres remarquables du monde moderne se rattache l'histoire d'une ingénieuse application de la science, nouvelle étape de l'humanité sur la route du progrès.

Longtemps le travail souterrain de l'exploitation des mines jouit du privilège presque exclusif de l'emploi de la poudre dans l'industrie. La roche, jadis *étonnée* par le feu, puis arrachée au pic ou à la pince, fut alors perforée de trous ou fourneaux de mines d'une profondeur et d'un diamètre variables avec sa dureté; cette première opération du forage une fois terminée, les trous étaient remplis de poudre dont on déterminait le sautage. L'explosion une fois produite, les déblais étaient enlevés et l'opération du forage recommençait.

Le travail d'exploitation n'a à la vérité subi en principe aucun changement. Toute exploitation souterraine se réduit de nos jours, comme au siècle passé, à ces trois opérations fondamentales : forage des trous, sautage et relevage des débris de l'explosion. Comme le montre la gravure ci-contre, l'explosion est souvent déterminée par les appareils électriques. Les études récentes sur les nouveaux explosifs, tels que la nitroglycérine, le coton-poudre, la dynamite, ont toutefois imprimé une extension telle à la rapidité et même à la possibilité de certains travaux souterrains, qu'il nous a semblé utile de décrire, après les merveilleuses applications des explosifs à l'art militaire, les plus remarquables exemples parmi ces « victoires pacifiques » des corps détonants.

§ 2. — Les grands passages transalpins. — Les tunnels du Mont-Cenis et du Saint-Gothard.

Les deux grands souterrains transalpins du Mont-Cenis et du Saint-Gothard marquent chacun une ère spéciale dans l'histoire des corps détonants. Le tunnel du Fréjus, achevé en 1871, fut percé tout entier à la poudre noire; le souterrain du Gothard inaugura pour ainsi dire l'emploi de la dynamite, bien que cette substance fût à la vérité employée depuis plusieurs années dans des exploitations moins considérables.

Nous ne transcrirons point de nouveau l'histoire des deux grands chefs-d'œuvre de la science de l'ingé-

Départ d'une mine souterraine par l'électricité.

nieur; nous l'avons fait à une autre place[1], et notre lecteur pourra facilement s'y reporter. Nous nous contenterons d'en extraire un résumé suffisant pour que la marche du travail puisse être comprise.

Comme dans toutes les exploitations de roches, souterraines ou à ciel ouvert, tunnels ou carrières, par les matières explosives, on commence par forer des trous de mines en nombre suffisant pour que l'explosion détermine le sautage complet du front d'attaque. Dans les travaux ordinaires, ces trous sont percés à la barre à mine ou au burin à la main. Les grandes exploitations de mines, les longs tunnels, qui tous deux ont besoin d'activer la vitesse de leurs travaux, emploient la perforation mécanique.

Quiconque a vu forer un trou de mine à la main se figurera aisément l'agencement de la perforation mécanique. Dans le travail manuel ordinaire, le mineur enfonce graduellement dans le rocher la barre à mine ou le burin, en lui imprimant un mouvement violent ou en frappant avec la massette sur la tête du burin. Le travail mécanique répète automatiquement le mécanisme élémentaire du mineur. Un burin ou fleuret en acier est brusquement poussé contre le rocher par l'intermédiaire d'un piston sur lequel agit l'air comprimé. C'est là toute la *perforatrice*.

Prenez six de ces machines perforatrices, accrochez-les à un solide cadre en fer, nommé l'*affût;* mettez, au moyen de tubes en caoutchouc, leur cylindre et par suite les deux faces de leur piston, en communication avec le fluide comprimé, amené au front d'attaque de la roche par des conduites en fer, le fleuret va prendre un rapide mouvement de va-et-vient, frappant la roche à

[1] *Les Galeries souterraines*, par Maxime Hélène, 2ᵉ édition. Paris, Hachette. *Bibliothèque des merveilles.*

coups redoublés — environ 600 coups par minute —
le trou de mine atteindra ainsi la profondeur voulue.
Faisons fonctionner ensemble les six machines, et nous
parviendrons à perforer en trois ou quatre heures les
quinze à vingt trous nécessaires à l'explosion du rocher.
Notre front d'attaque est alors prêt à recevoir la charge
de poudre ou de dynamite.

Chaque trou de mine ainsi perforé absorbe environ
un kilogramme de dynamite, en cartouches d'une centaine de grammes, que l'on bourre solidement avec des
cylindres en terre glaise comprimés au moyen d'un
bourroir en bois. A la cartouche-amorce est fixée la
mèche Bickford, qui communique le feu au fulminate
de mercure de la capsule. Lorsque tous les trous sont
bourrés, les mineurs spécialement chargés du bourrage
se retirent, à l'exception d'un seul qui reste pour l'al-
lumage des mèches. On donne à ces dernières une longueur déterminée, suffisante pour que le *foughiste* allu-
meur ait le temps de s'éloigner et d'aller rejoindre ses
camarades, garés à 150 ou 200 mètres environ, avec les
perforatrices qu'on a tout d'abord reculées, en même
temps que l'affût, sur les voies de service.

L'explosion une fois déterminée, et les mineurs ayant
moralement vérifié que tous les coups sont partis, ils
retournent enlever les déblais du rocher. Afin de diluer
le plus possible les vapeurs nitreuses des gaz de
l'explosion, on tient ouvert le robinet de prise d'air
comprimé de la conduite qui alimente les perforatrices.

Le plus souvent, cette dangereuse opération du bourrage et du sautage des trous de mines s'effectue sans
accident. Les ordres les plus formels sont édictés, du
reste, pour que le bourrage se fasse toujours régulièrement, au moyen d'outils en bois. Les marteaux ou les
bourroirs en fer sont sévèrement interdits, le fer possé-

dant, comme on sait, la propriété de faire détoner la dynamite au contact.

Malheureusement, le nombre des opérations est trop considérable pendant les longues années de perforation d'un tunnel comme celui du Gothard, pour que quelque fatale imprudence ne vienne assombrir le tableau déjà si navrant du travail souterrain.

Deux circonstances entre autres provoquent les explosions suivies de mort ou de blessures qui ne pardonnent que bien rarement : le bourrage des trous de mines, les coups ratés. Nous avons eu la triste occasion d'être témoin de deux de ces épouvantables sinistres, survenus dans la grande galerie du Gothard.

Le 1er juin 1874, la perforation une fois terminée, l'affût et ses perforatrices reculés jusqu'au lieu de garage, les *foughistes* se mirent en devoir de bourrer les trous de mines. Les déblayeurs attendaient comme d'habitude, à une certaine distance en arrière de l'explosion. La petite galerie était vide, le silence n'était troublé que par les coups sourds et répétés des bourroirs en bois. Au fond du trou noir, s'agitaient confusément les lampes des malheureux, bien éloignés de s'attendre à une mort aussi cruelle.

Tout à coup, une terrifiante explosion balaye les parois du rocher. Les mineurs ne sont cependant point de retour. C'est donc pour eux la mort certaine, horrible. La mine est partie avant que les trous soient complètement bourrés....

Lorsque nous pénétrâmes dans la galerie, un épouvantable spectacle s'offrit à nos yeux. Sur sept hommes, quatre étaient littéralement écrasés. Les parois de la roche étaient rouges de sang, tout maculés de lambeaux de chair. A terre gisaient les cadavres mutilés, le ventre ouvert, la cervelle collée au mur. Les deux survivants étaient blessés d'une façon horrible. Ils

échappèrent cependant à la mort, grâce aux soins at-
tentifs qui leur furent prodigués à l'ambulance du
tunnel. Le septième avait été sauvé comme par miracle. Ayant reçu, quelques minutes avant le sinistre,
l'ordre de retourner en arrière, la détonation l'avait
surpris à environ cent mètres du front d'attaque. Nous
le rencontrâmes blotti derrière un wagonnet, demi-mort
d'épouvante.

La direction de l'entreprise du tunnel fit faire une
enquête sur les causes probables du sinistre. Ceux qui,
seuls, eussent pu parler, étaient condamnés d'avance
à un mutisme éternel, à part les deux blessés qui ne
purent donner que de bien vagues indications. Ils se
rappelaient toutefois que le chef mineur, pour bourrer
plus solidement les cartouches, avait dû se servir d'un
outil en fer.

Comme deuxième cause principale des explosions,
nous avons signalé les coups *ratés* ou incomplétement
partis.

Il arrive parfois, en effet, que, par un motif quelconque, le plus souvent par la qualité défectueuse de la
dynamite ou de l'amorce employées, ou bien encore à
cause de la dureté extrême de la roche, le coup ne part
pas à fond, c'est-à-dire qu'il laisse un culot dans la
pierre. Avant de commencer une nouvelle perforation,
il est ordonné expressément aux mineurs de vérifier
minutieusement ces culots, afin de s'assurer qu'ils ne
contiennent point de dynamite non détonée qui ferait
inévitablement explosion sous le choc du burin d'acier,
que ce burin soit directement introduit dans l'ancien
trou, ou qu'il le rencontre sur son passage dans le forage d'un nouveau fourneau.

Cette mesure de sûreté est de première importance.
Malheureusement, le danger perpétuel dans lequel vi-
vent les mineurs, exposés à chaque moment du jour

aux morts les plus affreuses, l'éboulement, l'écrasement par les wagons, l'explosion, la mort lente due à la phthisie, à l'asphyxie partielle, à mille causes inhérentes à leur dur labeur, les habitue de bonne heure à une sorte d'indifférence qui est comme la base de la vie souterraine.

L'accident terrible que nous allons raconter peut, comme le précédent, être attribué à une de ces imprudences qu'on ne se sent point cependant le courage de blâmer, lorsqu'on a vu de ses yeux mêmes la lamentable existence de ceux qui en sont les premières victimes.

Le 23 novembre 1876, le relevage des débris de l'explosion était terminé dans la galerie sud (Airolo) du tunnel du Gothard, l'affût et ses perforatrices étaient ramenés au front d'attaque, et les mineurs s'apprêtaient à commencer une nouvelle perforation. Les robinets de prise d'air furent ouverts, et les perforatrices commencèrent à battre le rocher. Quelques minutes à peine s'étaient écoulées, lorsque le rocher détone subitement, brisant l'affût, écharpant les mineurs de service. Cinq hommes furent tués, les autres blessés plus ou moins grièvement. La galerie présentait un spectacle plus atroce encore, s'il est possible, que lors de l'explosion de Göschenen. Placés entre l'affût lui-même et le rocher, deux mineurs avaient été projetés, par la violence du courant gazeux, contre l'énorme bâti en fer, et broyés sur les machines mêmes qu'ils venaient de mettre en marche.

Comme dans le sinistre de la galerie nord, l'ingénieur fit activement rechercher les causes qui pouvaient avoir présidé au désastre. Un coup de mine, creusé par la perforation précédente à la partie inférieure de la galerie, et caché par le reste des déblais de l'explosion, avait laissé un culot encore plein de matière explosive. Aux premiers coups de fleuret, le burin rencontrait la cartouche et déterminait l'explosion.

En dehors de ces sinistres, qui font date dans l'histoire du percement d'un tunnel, nous pourrions citer encore quelques cas d'explosions provoquées par des coups ratés et non débourrés. Les précautions les plus grandes sont prises pour remédier à ces terribles accidents; mais exercerait-on une surveillance bien plus sévère encore, qu'on n'arriverait point à annuler complétement cette loi fatale qui réclame son nombre de victimes, dans un travail où l'on emploie environ 500 kilogrammes de dynamite par jour, près de 200 000 kilogrammes par année ! Une estimation récente portait à 4 millions de kilogrammes la quantité nécessaire pour terminer les travaux de la voie ferrée elle-même, destinée à relier les deux embouchures du tunnel aux lignes suisses et italiennes.

La description même du tunnel avec toutes ses colossales installations mécaniques, compresseurs d'air, conduites, perforatrices, ne rentre point dans le cadre de notre livre, spécialement consacré aux corps explosifs. Notre volume de la *Bibliothèque des merveilles*, auquel nous nous sommes permis de renvoyer déjà nos lecteurs, contient la description détaillée des pompes à air, système Colladon, installées à Göschenen et à Airolo, des conduites d'eau, turbines, de l'agencement du travail souterrain, conduites d'air comprimé, affûts, perforatrices et répartition du travail d'excavation[1]. La seule chose qui pourrait nous intéresser ici serait la comparaison des avancements obtenus dans chacun des

[1] Nos lecteurs peuvent consulter encore nos articles publiés dans la *Nature : Le Tunnel du Saint-Gothard*, par Maxime Hélène, 1876, vol. VII, — ainsi que ceux parus dans la *Revue scientifique suisse*, nᵒˢ 5 et 7 (mai et juillet 1876). Fribourg.

deux grands travaux du percement des Alpes au Mont-Cenis et au Saint-Gothard, le premier creusé, comme nous l'avons déjà dit, à l'aide de la poudre noire, le second exclusivement avec la dynamite.

Une seule expérience comparative fera ressortir les avantages considérables de la nouvelle substance explosive. Pour le sautage du front d'attaque de la petite galerie de direction du tunnel du Mont-Cenis, dans des schistes relativement tendres, si on les compare aux roches granitiques et cristallines du massif du Gothard, on devait, pour une surface de 6 ou 8 mètres carrés, perforer en moyenne 80 trous de mines, soit 9 à 10 trous par mètre carré de surface; 20 à 24 trous ont suffi pour l'explosion du front de taille de la petite galerie du Gothard, qui n'a, il est vrai, que $2^m,50$ de côté. C'est donc, dans le granit, 3 à 4 trous seulement par mètre carré, soit une économie de près d'un tiers sur le travail mécanique de perforation. Les roches cristallines métamorphiques, schistes micacés ou talqueux, exigent un nombre de trous bien moins considérable encore.

Sur les 15 kilomètres qui formeront la longueur du grand tunnel des Alpes au Saint-Gothard, 9 sont aujourd'hui perforés. C'est donc encore une moyenne d'environ 5 à 600 000 kilogrammes de dynamite — près de 2 millions de francs — qui vont s'engloutir dans le massif vierge encore des gaz de l'explosion!

§ 5. — La destruction du rocher de Hell-Gate (Porte d'Enfer),
à l'entrée du port de New-York.

Le grand travail de destruction du récif de Hell-Gate, qui fermait aux navires l'entrée du port de New-York, offre un exemple plus frappant encore de la puissance des nouveaux composés nitrés détonants.

Dans les tunnels, de quelque longueur qu'ils soient, 12 kilomètres comme au Mont-Cenis, 15 comme au Gothard, la destruction de la roche se fait à mesure, 1 mètre environ par explosion. On entre pour ainsi dire pas à pas dans la montagne, chacune des deux galeries marchant à la rencontre de l'autre, en ligne droite, jusqu'à ce que le dernier diaphragme soit enlevé.

L'énorme rocher de Hell-Gate, au contraire, s'effondra sous le coup d'une seule explosion, ou plutôt de l'explosion de plusieurs milliers de trous, environ 4 à 5000, chargés de 25 à 30 000 kilogrammes de dynamite ou autres substances explosives, formidable détonation instantanée produite par les agents électriques.

La ville de New-York est située dans une baie magnifique, accessible par deux bras de mer qui entourent l'île dite Long-Island. L'un de ces bras suit le détroit de Long-Island au nord, l'autre passe par Sand-Hook entre Long-Island et New-Jersey. Ce dernier, plus court, est le chemin direct du commerce entre le grand marché de New-York, les États de la Nouvelle-Angleterre et le nord-est du continent américain. Il abrége de 80 kilomètres environ la course des navires venant d'Europe ; mais il est étroit, parsemé de récifs, plusieurs à fleur d'eau, entre autres Hallets-Point, à la pointe nord de l'île. Aussi, le premier chemin, quoique beaucoup plus long, était-il encore, il y a moins d'une année, choisi de préférence par les navigateurs.

Ce récif de Hallets-Point, qui s'avançait sous la mer au nord de Long-Island, près du fort Stevens, avait en maintes circonstances causé d'épouvantables sinistres. Situé au milieu de la rivière, ne laissant qu'un chenal des plus étroits pour le passage des bâtiments, il donnait parfois naissance à des remous, aussi violents que soudains, suffisants pour engloutir les embarcations les mieux dirigées. C'est ce lugubre canal de la *Porte d'Enfer* — Hell-Gate — que Fenimore Cooper a choisi pour y placer les récits les plus émouvants de ses drames américains.

Depuis longtemps déjà, le gouvernement des États-Unis avait résolu la destruction de ce dangereux récif.

Dans le projet qu'ils déposèrent en 1848, les lieutenants Davis et Porter proposèrent d'ouvrir un passage au milieu du chenal, de manière qu'il présentât une profondeur suffisante pour éviter tout péril. Les auteurs du projet faisaient ressortir l'intérêt immense qu'avait la ville de New-York à entreprendre ces travaux, tant au point de vue de son activité industrielle qu'elle augmentait encore, qu'à celui de la défense maritime de ses abords en cas de guerre.

Un crédit de 100 000 francs, somme bien insuffisante, fut voté quatre années plus tard par le Congrès pour enlever les points les plus culminants du récif. Le major Fraser se chargea de cette entreprise, et augmenta de 18 à 20 pieds la profondeur de l'eau au-dessus des récifs les plus redoutés. Le travail fut exécuté par des scaphandres, et l'explosion des mines chargées de poudre noire provoquée par des appareils électriques.

Après ces essais préliminaires, il fut décidé enfin de détruire complétement le rocher de Hallets-Points. En 1868, le gouvernement confia au général Newton, du génie militaire américain, la direction des travaux, qu'il sut, comme nous allons le voir, conduire à une fin si glorieuse.

Le rocher étant toujours couvert même à marée basse, il ne fallait point songer à l'attaquer par la mer elle-même, comme avait opéré le major Fraser. L'entreprise était du reste assez colossale pour qu'il fût permis de songer à l'emploi de moyens pratiques plus définitifs.

Le général Newton décida donc de creuser un large puits d'attaque sur la pointe même de Long-Island, près d'Astoria, au-dessous du fort Stevens, et de diriger du fond de ce puits, sous le récif semi-elliptique de la *Porte d'Enfer*, des galeries rayonnantes, réunies entre elles par des couloirs transversaux.

Il fallut tout d'abord construire un solide batardeau, afin que le puits d'extraction ne puisse jamais être en-

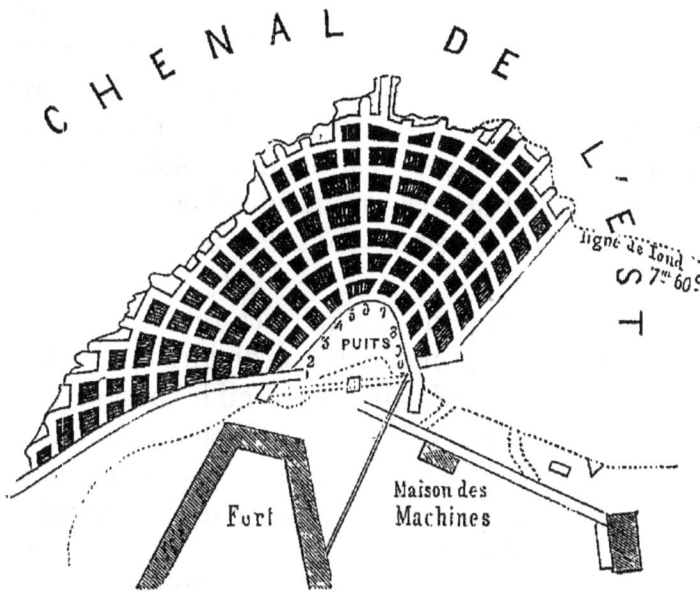

Plan des galeries sous-marines de Hell-Gate.

vahi par les hautes eaux. Ce puits fut ensuite creusé jusqu'à 10 mètres au-dessous des eaux les plus basses. Terminé, il mesurait 35 mètres de longueur sur 19 mètres de large.

Dix galeries rayonnantes furent alors ouvertes à travers l'épaisseur du récif. Le général Newton les baptisa de noms célèbres dans l'histoire des États-Unis : Jackson, Franklin, Mc Clellan, Grant, Jefferson, Scherman, Hoffmann, Humphry, Madison et Farragut. Ces galeries

avaient une hauteur moyenne de 5 mètres, une largeur
de 7 mètres. Leur longueur était d'environ 80 mètres.
Tous les 10 mètres, elles étaient reliées entre elles par
des galeries transversales, de même section, de telle
façon que le rocher de Hell-Gate entièrement perforé
figurait assez bien une immense crypte souterraine, à
piliers énormes, ou bien encore une catacombe du
genre de celles que l'on rencontre en si grand nombre,
creusées aux flancs des montagnes de la vallée du Nil.

L'intérieur de Hell-Gate, attaqué sans relâche pendant
les huit années que dura l'entreprise hardie du général
Newton, était, à la fin des travaux, supporté par 173
piliers de 5 mètres de côté. La longueur totale des galeries atteignait 2260 mètres, ayant fourni 36 280 mètres
cubes de déblais, déversés dans les bas-fonds de la
rivière.

Le travail de forage de ces galeries fut exécuté, soit
manuellement par les méthodes ordinaires, soit avec
l'aide précieuse des perforatrices. Parmi les perforateurs
employés, on cite ceux de Burleigh, Wood et Ingersoll,
forant les trous de mines par percussion, ou par l'usure
de la roche au moyen de bagues serties de diamants
noirs. Comme au Mont-Cenis et au Saint-Gothard, le travail mécanique fut actionné par l'air comprimé, fourni
par des compresseurs installés aux abords du puits d'extraction.

Lorsque toutes les galeries eurent été percées, et que
sous une épaisseur de 4 à 10 mètres le redoutable rocher de Hell-Gate, couvrant un espace de 12 140 mètres,
fut miné et traversé en tous sens de larges couloirs, à
la façon d'une gigantesque fourmilière, il ne restait
plus qu'à creuser dans les piliers qui supportaient encore le récif, des trous de mines destinés à recevoir la
matière explosive.

Près de 5000 trous, représentant une longueur de

63 450 mètres, furent perforés, le tiers à la main, le reste au moyen de perforateurs mécaniques. Les infiltrations d'eau, développées par les fissures dues à l'explosion lors du percement des galeries elles-mêmes, atteignirent 300 et même 500 gallons par minute, soit 25 à 40 litres par seconde. Ce chiffre est déjà considérable, mais il n'approche point cependant des 500 litres déversés par seconde dans la galerie sud du tunnel du Saint-Gothard, pendant les deux premières années des

Disposition des fils électriques dans les galeries sous-marines de Hell-Gate.

travaux. Pour remédier à ces infiltrations, on creusa un peu plus profonde la galerie du milieu, par laquelle se déversaient les eaux qu'un jeu de pompes rejetait à la mer.

D'après le rapport officiel adressé au général Newton, on employa au chargement des 4462 trous de mines, 13 108 kilogrammes de dynamite, et 23 679 kilogrammes de substances explosives désignées sous le nom de *Rendrock* et de *Vulcan Powder*, à bases puissantes; en tout, près de 40 000 kilogrammes de corps détonants! Le nombre total des cartouches en étain fut de 13 596,

celui des amorces en laiton de 3680. La batterie électrique qui devait déterminer la détonation comprenait
960 éléments, divisés en 12 batteries de 40 éléments,
4 de 43 et 7 de 44. La distance du point de mise à feu
au puits était d'environ 200 mètres. Il avait fallu près
de 70 kilomètres de fils conducteurs pour réunir tous
les trous de forage en vue de l'explosion simultanée.

Vers la fin de 1875, les opérations de forage étaient
pour ainsi dire terminées. Le 4 juillet 1876, jour du
centenaire de la proclamation de l'indépendance américaine, avait été fixé pour l'explosion finale. Le général
Newton ne crut point cependant la permettre avant de
s'être assuré que tout était parfaitement en ordre. L'explosion fut donc remise définitivement au 24 septembre
1876.

Un témoin oculaire transmet au *Journal de Genève* le
récit pittoresque de la fête de l'explosion de la *Porte
d'Enfer :*

« Quelle décharge allait faire cette pièce d'artillerie,
à côté de laquelle les canons Krupp n'étaient qu'un misérable jouet d'enfant? C'est ce que l'on se demandait
à New-York, non sans une certaine anxiété, en voyant
s'approcher le dimanche 24 septembre. Telle était la
date fixée pour l'explosion; certaines considérations
assez fortes pour faire fléchir, dans cette circonstance,
les habitudes d'observation rigoureuse du dimanche,
avaient fait choisir ce jour.

« Des mesures avaient été prises pour amortir autant
qu'il est possible la violence du choc. On avait employé
la journée du samedi à inonder jusqu'au bout la galerie
souterraine. Au-dessus du rocher on avait fait un plancher de poutres et de planches pour intercepter les
éclats de pierre.

« Un cordon de police retenait à une honnête distance le public, toujours curieux, même quand il y a

un danger. Des steamers gardaient le canal des deux
côtés.

« La foule avait pris position tout le long du rivage
de la rivière de l'Est et sur toutes les éminences qui lui
permettaient de jouir du spectacle auquel elle était venue
assister. Astoria, une localité située dans le voisinage
immédiat de Hell-Gate, avait vu ses habitants quitter

Explosion du récit de Hell-Gate.

leurs demeures, laissant les fenêtres de leurs apparte-
ments ouvertes, suivant les instructions du général
Newton. Les hôtes de l'asile d'aliénés de Ward's Island
avaient été emmenés en plein air, sous le ciel, ce pavillon de l'homme, — pour parler avec le poète, — un
pavillon dont le plafond n'a rien à redouter des se-
cousses les plus violentes.

« L'enceinte des travaux avait été placée pendant la

nuit sous la garde de cinq hommes, qui avaient reçu l'ordre de n'y laisser entrer personne, et qui disposaient de pleins pouvoirs pour faire feu sur qui voudrait forcer la consigne.

« Les dernières heures avant le dénoûment du drame furent employées à visiter les fils qui se rendaient du rocher à la station de décharge, et à disposer la batterie

La petite-fille du général Newton détermine l'explosion des galeries.

électrique. Tout était prêt. Il ne restait plus qu'à appuyer sur un bouton pour mettre la batterie en communication avec les fils. Le général Newton avait auprès de lui une jeune enfant de deux ans et demi, une charmante *baby girl* dont je sais, grâce à Hell-Gate, la couleur des yeux : ils sont du bleu le plus limpide. C'est cette innocente petite créature qui tout à l'heure allait, là-bas, à distance, remuer la terre et les eaux. Son père

prend sa main dans la sienne, l'approche de l'appareil
électrique. Nous touchons au moment palpitant.

« Ainsi qu'il avait été annoncé, un coup de canon
avait donné un premier signal, une sorte de *garde à
vous !* à deux heures vingt-cinq ; un second coup avait
été tiré à deux heures quarante ; un troisième à deux
heures quarante-huit minutes trente secondes. Avant
que la détonation eût fini de résonner aux oreilles, —
toutes les respirations étaient suspendues, — on entendit un bruit sourd, suivi d'un grondement semblable
à l'écho d'un coup de canon lointain ; la terre vibra
l'espace de deux secondes, une gerbe d'eau jaunâtre
s'éleva à une hauteur de 30 à 40 pieds. C'était tout :
le rocher de Hell-Gate s'était effondré. »

Le bruit de l'explosion fut si considérable qu'on l'entendit à Wespont, à 70 kilomètres de Hell-Gate. Quelques-uns affirment à 500 kilomètres. L'explosion dura
trois secondes. Malgré les assurances réitérées du général Newton, ses effets étaient très-redoutés. A 6 kilomètres à la ronde, toutes les fenêtres avaient été ouvertes ;
les habitations les plus proches avaient été abandonnées.
En somme tout se réduisit à un grondement sourd
sans trépidation sensible, et à un formidable nuage de
poussière.

Reste encore le draguage de la rivière qui, dit-on,
durera près de dix années. Le coût en est évalué en
effet à 25 millions, tandis que les travaux eux-mêmes
en ont coûté 10. Le succès est toutefois certain ; un navire de fort tonnage a déjà passé sur le redoutable Hell-
Gate et n'a subi aucun remous fâcheux.

Le général Newton ne pense point s'arrêter en si beau
chemin. La rivière de l'Est est en effet pavée d'écueils ;
et l'un d'entre eux, *Flood Rock*, va être attaqué comme
son voisin aujourd'hui détruit. La superficie du Flood
Rock est de 3 hectares. Son explosion nécessitera une

quantité de matières explosives double de celle employée
à Hell-Gate. Nous ne pouvons que souhaiter au savant
général un succès comparable à celui qu'il vient de rem-
porter dans sa « victoire pacifique » sur le récif de la
Porte d'Enfer.

CHAPITRE V

LA PYROTECHNIE

§ 1. — Feux d'artifice.

Le mot *Pyrotechnie* est un terme générique qui
embrasse tout ce qui a trait à l'art des feux, aux combinaisons et compositions incendiaires. Pourtant ce
mot est plus communément réservé à la préparation et
à la confection des feux d'artifice pour fêtes et réjouis-
sances.

A ce point de vue, en tant qu'art d'agrément, la Pyrotechnie, ainsi que nous l'avons d'ailleurs observé dans
notre premier chapitre, date des origines mêmes de la
poudre à canon. Nous avons indiqué les premiers mélanges de *feux grégeois*, les *fusées*, les *lames à feu*, etc. Nous
avons rappelé que, d'après Roger Bacon et Marcus
Græcus, le pétard et la fusée étaient depuis longtemps
des jouets, des objets d'amusement pour les enfants.

Et cependant, malgré cette haute antiquité, la Pyrotechnie est demeurée longtemps stationnaire. On ne la
voit guère faire quelques progrès que vers le commencement du dix-septième siècle. On en peut juger d'ail-

leurs d'après un traité de l'époque publié en 1860 et
dédié au cardinal Richelieu, ayant pour titre : *Des feux
de guerre et de récréation*, et pour auteur François de
Malthe.

Les fêtes de Versailles, pendant les règnes de Louis XIV,
de Louis XV, de Louis XVI, ne contribuèrent pas peu à
donner une certaine impulsion au progrès de la Pyrotechnie. Un feu d'artifice notamment, en 1739, sur le
tapis vert de Versailles, est resté célèbre.

Mais alors, et bien que l'on connût déjà certaines
combinaisons remarquables, telles que la *salamandre*,
le *guilloché*, la *rosace*, etc., la Pyrotechnie était loin
d'avoir atteint le degré d'éclat et de développement auquel elle est parvenue depuis. Il n'a fallu rien moins
que les importantes découvertes de la chimie moderne
pour lui imprimer cette marche décisive ; car ce n'est
que depuis ce moment que l'on peut obtenir ces va-
riétés, ces colorations des feux, qui font aujourd'hui
le plus grand charme de nos feux d'artifice.

Nous n'avons pas dessein ici de faire l'historique des
feux d'artifice, ni même de décrire quelqu'un de ces
spectacles brillants. Il n'est nul de nous qui n'y ait
assisté. Le feu d'artifice est la fin naturelle des fêtes qui
amènent un certain concours de personnes.

Il n'est fête communale ou foire, bal, concert ou société de tir, etc., qui se puisse dispenser de ce complément de leur programme.

C'est qu'aussi un feu d'artifice est un étrange et
curieux spectacle, et l'on comprend aisément l'em-
pressement naïf de la foule. Assurément, il y a là badau-
derie, curiosité puérile, mais le coup d'œil a quelque
chose de féerique.

La mèche de l'artificier n'est pas sans ressemblance
avec la baguette du magicien. A peine le signal est
donné, le fond sombre du décor s'illumine, les fusées

Un feu d'artifice à Paris.

sillonnent les airs, les soleils éblouissent de leurs
rayons d'or, tandis que pétards et marrons les accompagnent avec un sourd crépitement. Des cascades de
feu ruissellent ; puis, comme par enchantement, des
palais, des monuments surgissent, où les effets de lumière sont si merveilleusement combinés qu'il semble
y voir briller le diamant, le rubis, le saphir et l'éme-
raude. Poésie vulgaire, il est vrai, mais qui suffit, parfois, à faire oublier au pauvre diable bien des heures
de tristesse et d'angoisse. Pendant quelques minutes,
chacun a pu rêver et se créer à bon marché quelque
château en Espagne. Mais le bouquet éclate comme
éblouissement final, puis tout s'éteint, tout rentre dans
le repos de la nuit. Tout cet enchantement des yeux
s'est évanoui en fumée.

Pour être moins grandioses, les effets pyrotechni-
ques, transportés au théâtre, font une plus vive impression. Impuissants à fixer bien longtemps l'attention
par eux-mêmes, ces artifices de feu, ingénieusement
préparés, secondent parfois agréablement l'action et
charment les spectateurs. Aussi les emploie-t-on, non
pas seulement dans les féeries, dans les apothéoses,
mais même dans des actions plus sérieuses et vraiment
dramatiques. S'agit-il d'illuminer un bûcher, de faire
luire l'éclair et gronder le tonnerre ; s'agit-il de simuler
l'embrasement d'un palais, d'un navire, etc. : aussitôt
l'artificier apparaît et sait, par mille moyens, entretenir
l'illusion, si précieuse au théâtre.

Mais voyons maintenant par quels simples procédés
et sans nulle puissance surnaturelle on obtient ces
effets magiques et ces illusions.

§ 2. — Coloration des feux.

Et d'abord, quelles matières entrent dans la composition des feux d'artifice? Il est aisé de comprendre que la poudre à canon et ses éléments, soufre, salpêtre et charbon de bois, forment la base et le fondement de ces compositions.

Il n'est pas sans intérêt d'énumérer les autres éléments qui entrent dans ces mélanges, principalement au point de vue de la coloration des feux.

C'est ainsi que nous trouvons, en premier lieu, les limailles de fer, d'acier, de fonte, de cuivre et de zinc.

L'effet de la limaille de fer est de donner des étincelles blanches mêlées de rouge.

La limaille d'acier contient plus de matières inflammables et produit une combustion plus brillante.

La limaille de fonte forme des fleurs semblables à celles du jasmin.

La limaille de cuivre donne un feu verdâtre.

La limaille de zinc, enfin, donne une belle couleur bleue.

On emploie encore l'antimoine pour obtenir une coloration bleue; l'ambre jaune ou succin, pour une flamme jaune. Le noir de fumée est très-usité dans les pluies d'or, et produit, avec la poudre, une couleur d'un beau rouge, rose avec le salpêtre.

Le sel commun jeté dans le feu petille sans donner de flamme; séché, pilé, préparé, il donne une flamme jaune, plus belle que celle de l'ambre.

On obtient aussi des feux couleur jaune d'or, avec du sable jaune.

La poix-résine donne également une flamme jaune, mais on l'emploie surtout pour donner plus de consistance et de durée à la combustion.

Le lycopode est surtout employé dans les feux de théâtre.

On obtient des feux de senteur avec le camphre, le benjoin, etc.

Le mica lamelliforme produit des rayons jaune d'or. Le carbonate de cuivre donne un vert léger.

Avec le sulfate de cuivre mélangé de sel ammoniac, on obtient un vert-olive ; avec l'oxalate de soude, un très-beau jaune ; avec le sulfure d'arsenic, un blanc éblouissant.

§ 5. — La cartouche.

La base d'un feu d'artifice est la *cartouche* (on dit aussi le cartouche).

La cartouche est la fusée vide ; la fusée, c'est la cartouche remplie de matières inflammables.

La cartouche est un cylindre creux, fait avec un carton collé et roulé sur un moule spécial, qu'on appelle baguette à rouler.

La composition de la cartouche et son chargement sont les principales opérations qui doivent préoccuper l'artificier ; mais nous n'avons pas à entretenir ici nos lecteurs de détails trop techniques, et il nous suffira de dire que, lorsque la cartouche est prête, on la charge en introduisant dans l'intérieur la composition préalablement préparée.

On la charge par petites doses énergiquement pressées, afin que la combustion ne soit pas trop rapide.

La cartouche ainsi convenablement collée, pressée, doit être encore étranglée, c'est-à-dire comprimée à la partie inférieure ; puis on l'amorce et on l'emmèche, c'est-à-dire que l'on met au-dessous du mélange un peu de poudre humectée, et qu'on y place une mèche de coton trempée de poudre et d'eau-de-vie.

§ 4. — Pièces fixes.

Nous allons maintenant rapidement passer en revue et décrire très-succinctement les diverses pièces qui figurent dans les feux d'artifice.

On distingue les *pièces fixes*, les *pièces mobiles*, les *feux en l'air* et les *feux sous l'eau*.

Parmi les pièces fixes, nous trouvons les *gloires*, les *soleils*, les *éventails* et *pattes-d'oie*, les *mosaïques, étoiles fixes, palmiers*, les *cascades* et figurations de *monuments*, etc.

Les *gloires* consistent en un certain nombre de fusées rangées sur un cercle et reliées par des traverses. Le feu est plus ou moins brillant, suivant la dimension des cercles et le nombre des jets. Cette sorte de feu se tire verticalement.

Les *éventails*, les *pattes-d'oie* font suffisamment comprendre, par leur dénomination même, la disposition des fusées.

De même, les *soleils fixes* ne sont rien autre chose que des fusées disposées en cercle. Le feu se communique par un conduit placé sur la tête de la fusée, entaillée à cet effet.

Puis viennent les pièces plus particulièrement décoratives.

Le *palmier* est un montant sur lequel on range des branches armées de fusées, pour figurer l'arbre de ce nom.

La *mosaïque* est une composition plus compliquée, et qui produit le plus bel effet. C'est un ouvrage formé régulièrement par des angles qui ont tous rapport les uns avec les autres. On attache, à cet effet, sur de petits carrés de bois, le nombre de pièces nécessaires pour composer le dessin. La réussite n'est pas sans difficulté, car il faut calculer très-exactement la portée des feux.

Les *étoiles fixes* sont une sorte de fusées préalablement terrées de glaise, de façon à former culasse comme celle d'un canon de fusil. On les apprête au diamètre voulu, on les charge de composition; puis on divise sur la cartouche autant de trous que l'on en veut donner à l'étoile, cinq généralement; on perce ces trous à la vrille ou à l'emporte-pièce.

Pour figurer des *monuments* ou des dessins d'architecture, on emploie de petites cartouches en papier, appelées *lances*.

On fait ces lances en papier, parce qu'elles ne doivent pas résister à une forte charge, et parce que la cartouche doit brûler à mesure que la composition diminue.

On dispose ces lances au moyen de petits clous, les cartouches ayant d'ailleurs été auparavant percées avec un poinçon.

A la tête des lances est un trou par lequel passe le fil de communication.

Pour figurer les parties sinueuses des monuments, on emploie des cordes trempées dans un mélange de nitre, de résine, d'antimoine et de soufre.

Ce qui réussit le mieux dans ces décorations, ce sont les entablements toscans, les frontons, les colonnes ioniques, tout ce qui présente des lignes droites et détachées.

§ 5. — Pièces mobiles.

Les pièces mobiles sont celles qui sont disposées de manière à acquérir un mouvement giratoire vertical ou horizontal, sans cependant s'élever en l'air.

Ce sont notamment :

Les *soleils tournants*, composés de fusées placées à la circonférence d'un cercle et s'enflammant successivement ;

Les *roues guillochées*, composées de soleils placés sur le même axe et tournant en sens contraire ;

Les *ailes de moulin*, consistant en fusées tournant moitié dans un sens, moitié dans un autre ;

Enfin, les *girandoles*, les *caprices*, les *spirales*, etc.

Quand l'artifice est très-compliqué, il est utile parfois que le feu se communique rapidement d'un endroit à l'autre. A cet effet, on emploie le *dragon*. Le dragon consiste en une fusée accolée à une cartouche vide, dans laquelle on a enfilé une cordelette, tendue du point où le feu doit être communiqué à la pièce à enflammer. Le dragon, aussitôt allumé, court le long de la corde et arrive à cette pièce.

§ 6. — Feux en l'air.

Les *feux volants* se font au moyen de fusées chargées et préparées d'une manière spéciale.

On ménage, pendant le chargement, un vide (une âme), destiné à produire la combustion sur une grande surface. L'ascension est déterminée par la brusque sortie des gaz et par le mouvement de recul qui en résulte. On dirige l'ascension au moyen d'une baguette apposée à la fusée.

Pour charger la fusée volante, on la place verticalement, on y introduit une broche en fer qui a la forme de l'âme, et qui est fixée à un billot. On fait le vide au moyen de baguettes creuses, puis on charge en frappant, à intervalles réguliers, des coups multiples et répétés, près de 300 coups pour une fusée de $0^m,15$ de diamètre.

La composition des fusées volantes consiste en 52 parties de salpêtre, 25 de charbon, 12 de soufre et 15 de poussier de poudre.

On y adjoint des garnitures, telles qu'*étoiles*, *serpentins*, *pétards*, *flammes à parachute*, afin d'en augmenter l'effet.

Les *chandelles romaines* sont des tubes de carton ou de métal ainsi préparés : on y introduit, au fond, une charge de poudre, puis une étoile ronde percée d'un trou et amorcée avec une mèche, puis une charge de composition fusante, puis successivement une charge de poudre, une étoile, etc.

Sa composition diffère peu de celle de la fusée volante.

§ 7. — Feux sur l'eau.

Les pièces se mouvant sur l'eau sont à peu près identiques à celles que nous venons de décrire.

Elles ont de plus seulement un support tantôt en bois, tantôt en liège, tantôt en coton, formant boîte.

§ 8. — Feux de théâtre.

On sera peut-être curieux de connaître quelques-uns des artifices employés au théâtre.

Pour simuler les *éclairs*, on emploie un soufflet rempli de lycopode. Le soufflet est terminé par un vase percé de trous comme un arrosoir. Dans le centre des trous il y a une ou plusieurs bobèches garnies d'une éponge imbibée d'esprit-de-vin, qu'on allume et qui enflamme cette poudre chaque fois qu'on appuie sur le soufflet.

Pour la foudre, on emploie la *courante* ou *dragon* que nous avons décrit plus haut. Si l'on veut faire des *zigzags*, on tend la ficelle à angle plus ou moins aigu.

Pour imiter le bruit du *tonnerre*, on prend des canons de petite dimension, tels que des pistolets de poche ou coups de poing. On les dispose dans une caisse, on fait communiquer toutes les lumières et on y met le feu. On remarquera que la machine Fieschi était dressée à peu près sur ce modèle.

Si l'on veut représenter un *bûcher*, on met, derrière le châssis peint qui représente le bûcher, de la filasse ou du chanvre non peigné en assez grande quantité pour qu'il brûle le temps voulu. On imitera les flammes du bûcher avec le soufflet rempli de lycopode.

Pour imiter l'*embrasement d'une maison, d'un navire*, on enduit la construction de trois ou quatre couches de grosse couleur, afin de préserver la machine et qu'elle puisse durer plus longtemps, puis on garnit d'étoupes les parties qui doivent paraître en feu. Une explosion de marrons simulera l'explosion d'un navire.

§ 9. — Quelques formules de composition de feux colorés.

Nos lecteurs seront peut-être curieux de connaître les formules des compositions d'artifice les plus communément employées, qu'il est du reste très-facile de réaliser soi-même pour la plupart sans aucun danger.

POUDRE PYRIQUE :

Salpêtre. 12
Charbon. 2
Soufre. 1

FEU CHINOIS OU FLEUR DE JASMIN :

Poussier de poudre. 16
Salpêtre. 8

Charbon fin. 3
Soufre. 3
Fonte pilée. 10

ÉTOILES FIXES :

Salpêtre. 16
Soufre. 4
Poussier de poudre.. 4
Antimoine. 2

LANCES BLANCHES :

Salpêtre. 16
Soufre. 8
Poussier de poudre. 4

LANCES BLANC-BLEU :

Salpêtre. 16
Soufre 8
Antimoine. 4

LANCES BLEUES :

Salpêtre. 16
Antimoine. 8

FEUX DE BENGALE :

Salpêtre. 16
Soufre. 6
Antimoine. 4

PLUIES DE FEU :

Poussier de poudre. 16
Charbon fin 2
Soufre 5
Fonte pilée 10
Salpêtre. 8

BOUFFÉES MAGIQUES :

Salpêtre. 10
Poussier de poudre. 10
Charbon moyen. 4
Soufre. 5
Fonte pilée. 6

ÉTOILES POUR PLUIE D'OR :

Salpêtre.   16
Soufre   10
Poussier de charbon   4
Poussier de poudre.   16
Noir de fumée de Hollande. . . .   2

FUSÉES VOLANTES A FEU BRILLANT :

Salpêtre.   16
Charbon.   5
Soufre   4
Limaille d'acier   3

§ 10. — Feux liquides. — Le nouveau feu grégeois. — Le feu fenian.
Le feu lorrain de Nicklès.

En terminant cette revue des composés pyrotechni-
ques, nous mentionnerons seulement pour mémoire les
feux liquides, dans lesquels n'entre aucun des trois
composés de la poudre à canon. Tels le *nouveau feu
grégeois*, le *feu fenian*, le *feu lorrain* de Nicklès.

Le *nouveau feu grégeois*, dû à Niepce de Saint-Victor,
consiste en globules de potassium enfermés dans de
petits récipients de verre à moitié pleins de benzine.
En brisant ces récipients à la surface de l'eau, celle-ci
est subitement décomposée par le potassium, qui absorbe
avidement son oxygène. La chaleur développée par
cette combinaison enflamme l'hydrogène à l'état nais-
sant, et, par suite, la benzine, qui flotte alors brûlante
au-dessus de l'eau. On peut ainsi simuler l'embrasement d'un bassin. Certains auteurs n'ont point hésité à
proposer l'application du nouveau feu grégeois pour la
destruction des vaisseaux dans les guerres maritimes.

Le *feu fenian*, dont se servirent les Américains pendant cette mémorable et sanglante guerre de sécession

que nous rappelons si souvent au cours de ce volume,
est une solution de phosphore dans du sulfure de carbone. En exposant à l'air cette préparation, le sulfure
de carbone s'évapore, le phosphore prend feu et enflamme les objets combustibles sur lesquels a été projeté le liquide.

Le *feu lorrain*, du chimiste Nicklès, n'est autre chose
que le feu fenian auquel on a ajouté du chlorure de
soufre. Quelques gouttes d'ammoniaque jetées dans ce
liquide produisent une vive combustion, en même temps
qu'une flamme assez considérable pour que 2 ou
3 centimètres cubes de ce feu donnent une flamme
d'un mètre de hauteur.

17

LIVRE IV

PAGES D'HISTOIRE

———

CHAPITRE PREMIER

LES FASTES DE LA POUDRE

§ 1. — La poudre à canon agent de civilisation.

On ne considère communément la poudre à canon que comme un agent de destruction, et c'est tout. On méconnaît ainsi les bienfaits dont l'industrie lui est redevable. Même dans son application la plus ordinaire, l'art militaire, il est aisé de voir que son intervention n'a pas été sans profit pour l'humanité, et qu'elle peut, chose à première vue paradoxale, figurer au même titre que l'imprimerie, la vapeur ou l'électricité, parmi les facteurs essentiels de notre civilisation.

C'est que la guerre n'est pas seulement ce qu'un vain peuple pense, ou ce que se plaisent à supposer quelques esprits affectés de sentimentalisme. Ce n'est pas seule-

ment un jeu inutile ou cruel, dans lequel se donnent
impunément carrière tous les mauvais instincts des
hommes, la cupidité, l'ambition, la soif de domina-
tion, d'or et de sang. De plus hautes passions déterminent parfois les chocs des nations. Les lois naturelles
président à la guerre comme à toutes les manifestations
de l'activité humaine. La concurrence vitale, le *combat
pour la vie*, entraîne et domine les collectivités tout
comme les individus.

Aussi pourrait-on presque dire, sans paraître soutenir une thèse trop éloignée de la vérité, que la guerre
a été, bien plus qu'on ne se l'imagine, le véritable
trait d'union entre les peuples. La guerre n'a pas été
seulement le moyen primitif et rudimentaire de régler
les différends internationaux ; elle a surtout été la grande
force par laquelle les peuples ont été conduits à se
mêler les uns aux autres, à se connaître et s'apprécier,
nous dirons même à s'aimer.

Ce n'est pas à dire cependant que la guerre reste
pour toujours une loi fatale du progrès ; nous enten-
dons seulement rappeler que jusqu'ici, seule, elle a pu
trancher des antinomies d'intérêts, que désormais la
science et l'industrie seront appelées à résoudre.

Il est aisé de concevoir, dans l'ordre d'idées que
nous venons de développer, la part et la portée de la
découverte de la poudre à canon. Ce n'est déjà pas par
un pur et simple accident que la poudre apparaît, peu
de temps avant le grand siècle de la Renaissance. Toutes
les découvertes sont unies dans un rapport intime. Sans
cette révolution apportée dans l'art de la guerre, les
Byzantins n'auraient point laissé se répandre à travers l'Europe ces trésors de la sagesse antique, qu'ils
conservaient en avares avec un soin si jaloux. Ce sont
les canons turcs qui valent à l'imprimerie cet élément
de force et de vie, qui va rajeunir le vieux monde occi-

dental. Sans la poudre à canon, les Européens ne se fussent pas aisément emparés des richesses et des terres du Nouveau-Monde. Encore aujourd'hui, c'est la supériorité de leurs armes qui permet aux Occidentaux de reculer leur civilisation en Océanie, dans les contrées ignorées — *terra ignota* — de l'Afrique centrale, et jusque dans les empires fermés de l'extrême Orient.

Bornons-nous à ces courtes considérations. Nous avons seulement à raconter ici quelques épisodes fameux dans l'histoire, et auxquels l'importance du terrible engin dont nous traitons a prêté un intérêt puissamment dramatique.

§ 2. — La fête du salpêtre de l'an II (1794).

Au premier rang de ces épisodes, nous devons placer la *Fête du Salpêtre* du mois de mars 1794.

Vers la fin de l'année 1793, la France traversait la plus épouvantable crise dont l'histoire fasse mention. Elle se trouvait littéralement dans la situation d'une place de guerre assiégée. La coalition l'étreignait dans un cercle de fer et de feu, les flottes anglaises lui fermaient la mer, les armées autrichiennes et prussiennes la tenaient bloquée au nord et à l'est, tandis qu'au midi s'avançaient les troupes piémontaises et espagnoles.

C'est chose déjà triste qu'une ville assiégée; nous avons pu en juger dans une récente et douloureuse circonstance, et nous avons éprouvé quels bouleversements entraîne dans la vie de la cité cette longue interruption des rapports sociaux, cette séquestration de près de deux millions d'individus.

Que l'on juge par là de la perturbation profonde que devait causer cette mise en siége d'une nation tout entière. Comment aurait-on pu suivre alors d'un esprit calme et réfléchi la marche et la solution des problèmes politiques et l'expérience d'un nouveau régime, alors que l'existence même de la Patrie était en question et chaque jour menacée? Il ne pouvait exister alors ni industrie ni commerce, à peine un peu d'agriculture et d'échange. Le mouvement social était pour ainsi dire suspendu, toutes les forces vives de la nation étaient dirigées vers ce but unique : former des soldats, les nourrir, les équiper, les armer.

Pour arriver à ce but, pour conjurer tous les dangers et sauver la Patrie, il fallait plus que du courage et de la bonne volonté, il fallait plus que de l'audace et de la persévérance, il fallait de la foi. Mais la France heureusement en était alors enflammée. Elle ne consentait pas à se reconnaître et à s'avouer coupable, pour avoir chassé ses rois et supprimé les antiques priviléges d'une société monarchique. Loin de là, elle croyait à la justice, à la sainteté de sa cause, déclarant hautement son admiration et son respect pour le nouveau code qu'elle venait de formuler, la Déclaration des droits de l'Homme. Comme toute foi, celle-ci devait opérer ses miracles. Les grands prêtres du nouveau culte devaient être sacrés, par les générations futures, du titre de sauveurs de la Patrie.

Trouver des hommes et former des soldats n'était point le plus difficile. Le dévouement et l'enthousiasme étaient alors choses communes. Il suffisait de « frapper du pied la terre, pour en faire sortir des légions. »

Et quelles légions !

Écoutez notre grand poëte, Victor Hugo, retracer les exploits des soldats de l'an II :

O soldats de l'an deux! ô guerres! épopées!
Contre les rois tirant ensemble leurs épées,

. . . .
. . . .
. . . . . , ...
. . . .

Contre toute l'Europe avec ses capitaines,
Avec ses fantassins couvrant au loin les plaines,
    Avec ses cavaliers,
Tout entière debout comme une hydre vivante,
Ils chantaient, ils allaient, l'âme sans épouvante,
    Et les pieds sans souliers!

Au levant, au couchant, partout, au sud, au pôle,
Avec de vieux fusils sonnant sur leur épaule,
    Passant torrents et monts,
Sans repos, sans sommeil, coudes percés, sans vivres,
Ils allaient, fiers, joyeux, et soufflant dans les cuivres
    Ainsi que des démons!

La liberté sublime emplissait leurs pensées.
Flottes prises d'assaut, frontières effacées
    Sous leur pas souverain,
O France, tous les jours c'était quelque prodige,
Chocs, rencontres, combats; et Joubert sur l'Adige,
    Et Marceau sur le Rhin!

On battait l'avant-garde, on culbutait le centre;
Dans la pluie et la neige, et de l'eau jusqu'au ventre,
    On allait! en avant!
Et l'un offrait la paix, et l'autre ouvrait ses portes,
Et les trônes, roulant comme des feuilles mortes,
    Se dispersaient au vent!

Oh! que vous étiez grands au milieu des mêlées,
Soldats! L'œil plein d'éclairs, faces échevelées
    Dans le noir tourbillon,
Ils rayonnaient, debout, ardents, dressant la tête;
Et comme les lions aspirent la tempête,
    Quand souffle l'aquilon,

Eux, dans l'emportement de leurs luttes épiques,
Ivres, ils savouraient tous les bruits héroïques,
Le fer heurtant le fer,
La Marseillaise ailée et volant dans les balles,
Les tambours, les obus, les bombes, les cymbales,
Et ton rire, ô Kléber !

La Révolution leur criait : « Volontaires,
Mourez pour délivrer tous les peuples vos frères ! »
Contents, ils disaient oui.
« Allez, mes vieux soldats, mes généraux imberbes! »
Et l'on voyait marcher ces va-nu-pieds superbes,
Sur le monde ébloui !

Certes, l'enthousiasme était immense, la foi des combattants superbement aveugle! Mais on ne marche point sans équipement; on ne lutte point sans armes, sans munitions, sans poudre!

Pour les vivres et l'équipement, on avait du moins la ressource extrême des réquisitions, qui paraient aux plus pressants besoins. On décidait encore que l'on ne porterait plus que des sabots, afin de laisser tous les cuirs pour les soldats; ou bien on proposait un carême civique, pour ne point diminuer les provisions de l'armée !

Naïvetés héroïques, impuissantes, lorsqu'il s'agissait de remplir les arsenaux, de charger les canons. Jusqu'ici le fer, le cuivre et l'acier nous étaient venus de l'étranger, le salpêtre en majeure partie avait été importé des Indes. Que faire, et comprend-on bien toute l'horreur d'une telle situation? Succomber faute d'armes, et presque sans lutte, succomber sans combats et sans gloire. Succomber, non pas même comme après un siége, lorsque les armes tombent d'elles-mêmes des mains des défenseurs épuisés, mais périr en pleine force, en pleine virilité, n'ayant à opposer au fer de l'ennemi qu'un bras impuissant et désarmé !

Telle pourtant menaça d'être la situation de la France ; mais nul ne s'abandonna, nul ne perdit courage. On fit appel à la science, et la science répondit.

Nous ignorions le secret de la fabrication de l'acier. Ce secret fut vite trouvé : la baïonnette, l'épée et le sabre furent dès lors fabriqués avec de l'acier français. Les cloches fournirent une vaste provision de bronze pour notre artillerie, qui bientôt dépassa en force celle des coalisés. Procédés et outils furent perfectionnés, et, dans un livre admirable de concision et de netteté, le célèbre mathématicien Monge, l'un des fondateurs de notre École polytechnique, enseigna aux ouvriers les moins préparés et les moins expérimentés, l'art de fabriquer les canons [1].

Le peuple suivit cette merveilleuse impulsion. Paris et la France devinrent un immense atelier. Les fonderies, les forges s'élevèrent de tous côtés, comme par enchantement, produisant par an plus de dix mille bouches à feu. Paris fut transformé en un immense arsenal. Serruriers, horlogers, bijoutiers, tous devinrent armuriers de circonstance. Deux cent cinquante forges s'allument en un instant au Luxembourg ; dix foreries sont installées sur la Seine. Les ateliers de fabrication et de réparations s'établissent partout, dans les églises, dans les monuments nationaux, dans les rues, sur les places publiques. La grande cité n'est plus qu'un vaste

---

[1] Le livre de Monge est devenu d'une grande rareté et ne peut plus être consulté que dans les bibliothèques spéciales. Aussi, avons-nous cru utile de reproduire dans notre *appendice* les pages curieuses et vivantes qui ouvrent son manuel de l'*Art de fabriquer les canons*, imprimé par ordre du Comité de salut public de l'an II. On retrouvera tout entière, à la lecture de ces quelques pages, l'empreinte de cette fièvre patriotique qui avait envahi tous les cœurs, les plus forts comme les plus humbles, dans ces années de luttes terribles où se jouaient sur les champs de bataille les destinées futures de la France.

arsenal, destiné à alimenter les quatorze armées de la République.

Même initiative scientifique, même patriotique ardeur lorsqu'il s'agit de la fabrication de la poudre, de la récolte du salpêtre.

« La poudre était ce qui manquait le plus, écrit M. Biot dans son *Histoire des sciences pendant la Révolution*, le soldat allait en manquer. Les arsenaux étaient vides. On assembla la régie pour savoir ce qu'elle pourrait faire. Elle déclara que les produits annuels s'élevaient à trois millions de livres, qu'ils avaient pour base du salpêtre tiré de l'Inde, que des encouragements pouvaient les porter à cinq millions, mais qu'on ne devait rien espérer de plus. Lorsque les membres du Comité de salut public annoncèrent aux administrateurs qu'il fallait fabriquer dix-sept millions de poudre dans l'espace de quelques mois, ceux-ci restèrent interdits : « Si vous y parvenez, dirent-ils, vous avez des moyens « que nous ignorons. »

« C'était cependant la seule voix de salut. On ne pouvait songer au salpêtre de l'Inde, puisque la mer était fermée. Les savants offrirent d'extraire tout du sol de la République. Une réquisition générale appela à ce travail l'universalité des citoyens. Une instruction courte et simple, répandue avec une inconcevable activité, fit d'un art difficile une pratique vulgaire.... Toutes les demeures des hommes et des animaux furent fouillées.

« Les résultats de ce grand mouvement eussent été inutiles, si les sciences ne les eussent secondés par de nouveaux efforts. Le salpêtre brut n'est pas propre à faire de la poudre ; il est mêlé de sels et de terre qui le rendent humide et diminuent son activité. Les procédés employés pour le purifier demandaient beaucoup de temps. La seule construction des moulins à poudre eût exigé plusieurs mois : avant ce terme la France était subjuguée. La chimie inventa des moyens nouveaux pour raffiner et sécher le salpêtre en quelques jours. On suppléa aux moulins en faisant tourner par des hommes des tonneaux où le charbon, le soufre et le salpêtre, pulvérisés, étaient mêlés avec des boules de cuivre. Par ce moyen la poudre se fit en douze heures. Ainsi se vérifia cette assertion hardie d'un membre du Comité de salut public : « On montrera la terre sal-« pêtrée, et cinq jours après on en chargera le canon. »

Depuis longtemps déjà, on exploitait le sol national pour en extraire le salpêtre. Sans remonter aux édits de 1540 et de 1572, qui instituent des *salpêtriers*, en leur conférant, entre autres priviléges, celui d'exercer les fouilles dans les caves, étables, etc., de se faire réserver tels vieux murs, et de se faire livrer les cendres à un prix déterminé, il suffira de citer quelques chiffres pour montrer combien les résultats acquis par une exploitation aussi gênante, aussi onéreuse, étaient peu importants, et combien ils étaient loin de répondre aux besoins considérables de la République.

En 1701, il existait à Paris vingt-sept salpêtriers, fabriquant chacun vingt-deux mille livres de salpêtre brut. Vers 1783, la récolte s'était élevée, pour Paris et ses environs, à plus de un million de livres, et pour la France entière à plus de trois millions de livres. Mais les édits de Turgot et les décrets de 1791 restreignant les priviléges des salpêtriers, le produit en était descendu beaucoup au-dessous des chiffres précités.

Tel était l'état de choses, au moment où le décret du 14 frimaire an II (4 décembre 1793) invita tous les citoyens à lessiver eux-mêmes les terrains formant le sol de leurs caves, pressoirs, celliers, étables, ainsi que les décombres de leurs bâtiments.

Ce décret ne resta pas longtemps à l'état d'avis et de

simple conseil. Des mesures immédiates furent prises
pour en assurer l'exécution, des inspecteurs envoyés
par toute la France pour diriger les fouilles. Une instruction spéciale pour l'extraction du salpêtre fut com-
muniquée à tous les citoyens, et enfin la science inventa
le fameux « procédé révolutionnaire » pour la fabrication de la poudre.

Les premiers effets de cette mesure mémorable ne
tardèrent pas à se manifester. Dans son rapport du
13 pluviôse suivant, Barrère constate l'animation qui
règne dans Paris, le zèle des sections, l'ardeur des citoyens pour la création de nombreux établissements.
Des commissions de patriotes ardents et éclairés visi-
tent, inspectent les maisons particulières, établissent
partout des ateliers de lessivage et des chaudières d'é-
vaporation.

Il faut former tout un personnel de commissaires,
d'inspecteurs, de préparateurs. On fait encore appel
aux illustrations de la science. Guyton, Fourcroy, Berthollet, Dufourny sont chargés de faire un « cours gra-
tuit et révolutionnaire, pour apprendre à fabriquer le
salpêtre en trois décades. » Deux citoyens de chaque
district sont spécialement envoyés à Paris pour y suivre
ces cours.

Un si puissant élan ne pouvait manquer de produire
les résultats souhaités.

Au 18 ventôse, on constate déjà un rendement de
dix-huit mille deux cent cinquante livres de salpêtre.
Douze jours après, une délégation des sections annonce
que l'on en a recueilli plus de cinquante mille livres,
Enfin, pour tout résumer en un mot, au lieu de deux
ou trois millions de livres récoltées à grand'peine autrefois, la Commission des poudres et salpêtres de la République en extrait du sol national plus de quinze à
dix-huit millions de livres.

Dans le même temps, on a expérimenté l'aérostat, comme arme de guerre, pour observer les mouvements de l'ennemi, le télégraphe aérien qui supprime la distance entre l'ordre et l'exécution. On perfectionne l'attirail de l'artillerie, obus, bombes et boulets. La poudrerie de Grenelle fournit à elle seule plus de trente mille livres de poudre par jour.

Dès lors, les difficultés sont vaincues, tous les obstacles surmontés. La France est armée, bien armée : l'ennemi peut paraître. Que dis-je? on ne l'attend plus; on court, on vole à sa rencontre! Et tout cela s'est fait gaiement, dans une exaltation joyeuse! De temps à autre, les citoyens ont défilé devant la Convention, chantant les chants patriotiques.

Le bruit des marteaux sur l'enclume a partout accompagné le refrain de la chanson nouvelle, la « chanson républicaine du Salpêtre. »

> Descendons dans nos souterrains,
> La liberté nous y convie;
> Elle parle, Républicains,
> Et c'est la voix de la patrie!
> Lave la terre en un tonneau,
> En faisant évaporer l'eau,
> Bientôt le nitre va paraître!
> Pour visiter Pitt en bateau,
> Il ne nous faut que du salpêtre!

La poésie était maigre à la vérité, et répondait peu à l'enthousiasme de ces jours pleins de fiévreuses paroles. N'était-ce point cependant chose saine et fortifiante que cette franche gaieté? La confiance en soi, la foi dans la victoire n'auraient jamais pu s'accommoder du funèbre appareil du deuil et des lamentations.

Aussi ne pouvait-on mieux couronner les glorieux efforts des citoyens que par une de ces belles fêtes civiques, si remarquablement comprises à cette époque.

C'est le 30 ventôse an II qu'eut lieu la *Fête du Salpêtre*. Les élèves envoyés des districts pour apprendre à raffiner le salpêtre, à fabriquer la poudre, à fondre les canons, se rendirent à la Convention pour lui offrir un échantillon de leurs travaux. Aux canons, à la poudre et au salpêtre, présentés par les *élèves du salpêtre*, les sections de Paris joignirent leurs offrandes.

Un grand cortége se forma le long des quais. Les drapeaux flottaient au vent; une musique guerrière accompagnait les chants patriotiques. La Commission des armes, l'agence nationale et l'administration révolutionnaire des poudres et salpêtres, ainsi que la municipalité, concouraient par leur présence à rehausser la solennité du jour.

A cette fête, il ne manquait pas d'emblèmes caractéristiques de l'époque. Chacun apportait son offrande, ornée des attributs de la Liberté. Ici, le salpêtre était porté sur une peau de lion; là, il s'élevait en pyramides; ailleurs, il figurait des faisceaux, des colonnes, des bonnets phrygiens, des piques. Partout, il était surmonté de palmes, de branchages, de couronnes de chêne, de fleurs et de guirlandes.

Le cortége défila dans la Convention. Après les allocutions et félicitations de circonstance, on fit dans le jardin national une série d'expériences, dont le succès fut accueilli comme un favorable présage.

Devons-nous ajouter que, chose étrange, dans le moment même où se célébrait une si belle fête, une sorte de fureur agitait les partis? Les factions se déchiraient. Les Hébertistes étaient arrêtés, Danton était menacé. Et cependant tous les cœurs battaient à l'unisson dans ces solennités civiques. Rien n'altérait le calme des esprits; on rejetait au lendemain les pensées douloureuses. Il se faisait comme une trêve. Toutes les passions se taisaient, hors la passion du devoir. Ambitions, rivalités, intrigues, tout s'écartait, tout s'évanouissait devant l'austère vision de la Patrie en danger.

La Fête du Salpêtre fut la grande fête scientifique de la Révolution, le triomphe de la chimie. « Cette science, dit Michelet, à ce moment, faisait ses premiers miracles. Aussi féconde d'applications que sublime en son principe, elle enfantait, de moment en moment, des armes pour la Patrie. Elle lui mettait en main la foudre. Elle fouillait à fond la France, et elle en tirait de quoi terrifier l'Europe. Ce n'était pas seulement une science que Lavoisier avait faite, il avait engendré un peuple. Une immense tribu de chimistes, *les élèves du salpêtre*, comme on les appelait, remplissaient tout de leur activité. Partout les chaudières et les appareils où le salpêtre était fondu. Partout les députations qui portaient à l'Assemblée ces offrandes patriotiques. Une grande fête fut donnée à l'École, qu'on eût pu appeler la Fête de la chimie. « Un siége, un trône, y était sans doute dressé pour ce créateur? Oui, sur la fatale charrette, à la place de la Révolution. »

Le 8 mai 1794, en effet, deux mois après la grande Fête du Salpêtre, Lavoisier, le créateur de la chimie moderne, de cette science qui fournissait à nos armées la poudre et les armes, Lavoisier, hélas! gravissait les marches de l'échafaud.

§ 3. — Conspiration des Poudres.

La poudre a aussi fourni malheureusement un nouvel élément aux conspirations. Elle semblait présenter ce double avantage, assurer de façon plus certaine la perte de l'ennemi, en même temps que le salut des conjurés. Les faits n'ont cependant guère justifié cette prévision.

Une des conspirations la mieux conçue, la plus habilement préparée, la plus énergiquement soutenue qui fut jamais est certainement la célèbre *Conspiration des Poudres*.

Jacques VI d'Écosse et d'Angleterre régnait. Ce roi avait excité les mécontentements des catholiques parce que, protestant, et quoique fils d'une reine catholique, il ne leur accordait ni indulgence, ni faveurs, et même se proposait d'exécuter rigoureusement les lois promulguées par Élisabeth. Du mécontentement à la haine, de la haine à l'esprit de révolte, la distance fut rapidement franchie.

Catesby conçut le premier l'idée d'une conspiration, et communiqua son projet à Piercy, descendant d'une illustre famille de Northumberland. Ils s'adjoignirent successivement Thomas Winter, Fawkes, officier au service de l'Espagne, et les jésuites Tesmann et Garnet.

Leur plan n'était rien moins que de se défaire du roi et de ses plus puissants partisans. Il s'agissait de faire sauter la salle Parlement, le jour même où, selon l'usage, à l'ouverture de la session, le roi et tous les membres du Parlement devaient se réunir en assemblée solennelle. Le moment même était fixé. Tout devait éclater dès que le roi prendrait la parole.

Le premier soin des conjurés fut de louer, vers la

Conspiration des Poudres, à Londres (1605).

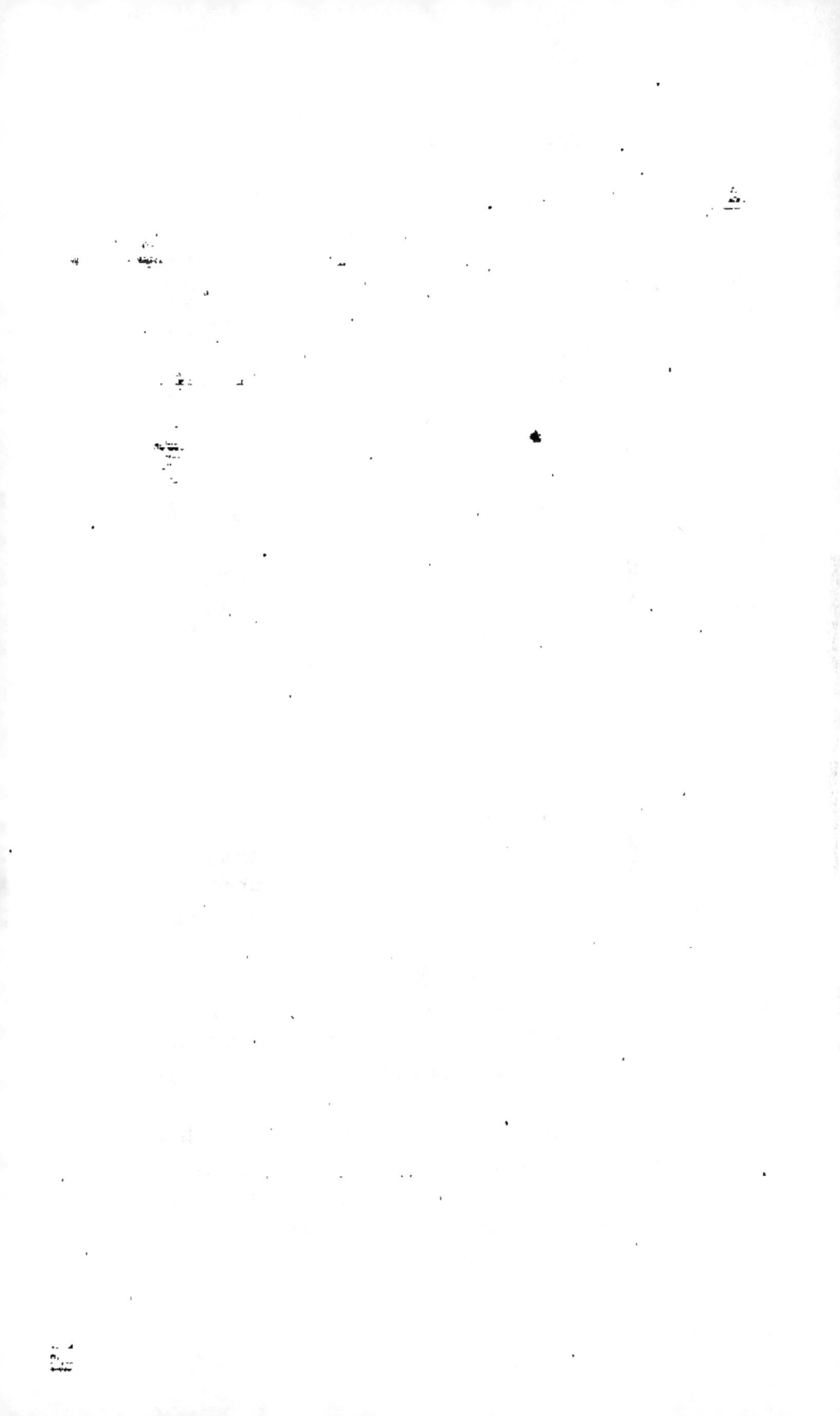

fin de l'année 1604, une maison contiguë à la salle du
Parlement ; ils amassèrent des provisions pour ne point
être dérangés, et se mirent aussitôt à l'œuvre, c'est-à-
dire qu'ils commencèrent à percer le mur qui rejoi-
gnait le sous-sol de la salle du Parlement. Une circonstance fatale favorisa leur dessein. Au-dessous de la
chambre des seigneurs, se trouvait une cave qui servait de magasin de charbon. Cette cave étant à louer,
Piercy se hâta d'en prendre possession, et y fit, de
concert avec les conjurés, placer trente-six barils de
poudre, soigneusement recouverts de bûches et de
fagots.

Se croyant dès lors certains du succès, les conjurés
arrêtèrent leurs dernières dispositions. Le roi, la reine
et le prince de Galles se rendraient à l'Assemblée ;
restait à s'assurer du jeune prince et de la princesse
Élisabeth. Piercy se chargea du premier, la seconde
fut remise aux soins de Ewrard Digby, Rockwood et
Grant.

Pendant un an et demi, fait observer David Hume, à
qui nous empruntons ces détails, le secret de la conspiration, quoique connu de plus de vingt personnes,
fut fidèlement gardé, mais au dernier moment, le
scrupule dont nous parlions plus haut vint tout com-
promettre.

Parmi ces hommes fanatisés, il en était qui ne
pouvaient envisager sans horreur cette terrible nécessité de frapper en aveugles amis et ennemis, les députés catholiques en même temps que les députés protes-
tants.

Dix jours avant le moment fixé, soit sentiment d'humanité, scrupule religieux ou simplement souvenir
d'amitié, un billet anonyme fut adressé à lord Monteagle. On l'engageait vivement à ne pas se rendre au
Parlement, parce que « Dieu et les hommes devaient

concourir à punir les méchancetés de ce temps, les ennemis devaient recevoir un terrible coup. »

Sans attacher tout d'abord une grande importance au billet, lord Monteagle le communiqua à lord Salisbury, secrétaire du roi, puis deux jours après, au roi lui-même.

Jacques aussitôt, comme il aimait à s'en vanter plus tard, « flaira la poudre », et ordonna de visiter les voûtes qui s'étendaient sous le Parlement. Le comte de Suffolk dirigea les recherches. Fawkes fut trouvé dans la cave, les barils furent découverts également. Fawkes, mis à la torture, finit par dénoncer ses complices.

Catesby, Piercy et quatre-vingts de leurs partisans tentèrent de défendre leur vie. Catesby et Piercy furent tués. Les autres conjurés subirent publiquement la peine capitale.

§ 4. — La défense de Paris en 1870.

On pourrait, en face de la *Fête du Salpêtre* de l'an II, retracer l'histoire des efforts que fit, pendant le dernier siège de 1870, le « Comité scientifique pour la défense de Paris », institué le 2 septembre 1870 près le ministère de l'instruction publique par M. Brame, et encouragé par M. J. Simon, après la proclamation de la République. Nous avons déjà parlé de ce Comité, dont nous publions le rapport à la fin de notre volume. Citons seulement au passage quelques-unes des patriotiques paroles par lesquelles son illustre président, M. Berthelot, ouvre le livre dans lequel il a résumé ses belles recherches faites pendant le siège sur la *Force de la poudre et des matières explosives.*

« Quand vint le siège de Paris, dernière étape de nos défaites, on se tourna vers la science, comme on appelle un médecin au chevet d'un malade agonisant.... Le dévouement des savants auxquels on faisait appel *in extremis* n'a pas manqué à la Patrie. Les nombreux comités, institués dans ce péril suprême, ont donné leur temps, leur santé et leur intelligence, sans mesure ni réserve. S'ils n'ont pas sauvé la Patrie d'un désastre, rendu inévitable par la destruction déjà accomplie de notre organisation militaire, ils ont pourtant imprimé au siège de Paris quelques-uns des caractères qui le distingueront dans l'histoire....

« C'est grâce à la science que l'on a pu fondre dans Paris ces quatre cents canons de campagne d'un nouveau modèle, supérieurs en portée aux canons prussiens, et qui, du haut du plateau d'Avron, tinrent pendant un mois les Allemands en échec sur la route de Chelles.

« C'est grâce à la science que la fabrication de la dynamite, presque ignorée en France, a pu être improvisée, sans ressources spéciales, et dans les conditions en apparence les plus défavorables....

« Efforts infructueux ! l'œuvre de la faim — *sævior armis* — accomplit ce que la force armée n'avait pas osé faire ! »

Moins heureux que nos ancêtres de l'an II, la victoire ne récompensa point nos études. La science n'aura pas moins une de ses plus belles pages écrites dans l'histoire de la défense de Paris en 1870.

CHAPITRE II

QUELQUES EXPLOSIONS CÉLÈBRES

§ 1. — Dangers que présentent le transport et l'emmagasinage des
poudres. — Aménagement intérieur et réglementation intérieure
des poudrières.

Jamais on n'a pu se rendre complétement maître de
ce terrible engin de destruction, la poudre à canon.
Dans sa préparation, dans son maniement, dans son
transport et dans son emmagasinage, la poudre offre
des dangers sans nombre et sans cesse renaissants. C'est
que la nature ne se laisse pas ainsi arracher ses secrets
sans résistance et sans périls. La « route du progrès »
est semée de plus d'écueils, d'aspérités et de précipices
que le chemin légendaire de la vertu. La science
compte par milliers ses martyrs. Et malgré tout, le
génie de l'homme poursuit sa marche infatigable. L'audacieux! il a pris au sérieux le mot de ses hiérophan-
tes, et, roi de la création, il se croit en droit de mé-
priser les révoltes de la matière et de les châtier
comme celles d'un esclave rebelle.

A cet égard, une courte et très-incomplète énumération des principales catastrophes occasionnées par la
poudre à canon est d'un grand et fécond enseignement.
On se sent pénétré d'admiration, quand on songe que
cette longue série de sinistres n'a pu décourager ni
même modérer un instant l'activité humaine.

Cependant, une longue expérience et une surveillance
attentive ont réussi à atténuer dans une notable proportion les funestes effets de la poudre. Outre les nom-

breux perfectionnements apportés chaque jour dans les
procédés de fabrication, les précautions les plus minutieuses ont été édictées pour le transport et l'emmagasinage de la dangereuse substance explosive.

S'agit-il de transporter des poudres de guerre, on,
les renferme dans des doubles tonneaux, en évitant que
les différents barils puissent se heurter pendant le trajet. Les voitures doivent marcher au pas. On écarte naturellement tout ce qui pourrait directement ou indi-
rectement provoquer l'inflammation du chargement. Il
est interdit de fumer à l'entour des voitures. Si les chars
explosifs traversent des lieux habités, on fait fermer les
portes des ateliers de forgerons et de toutes les indus-
tries qui font usage du feu. On fait éteindre tous les
foyers allumés dans le voisinage de la route, et, comme
nous l'avons déjà fait observer pour le transport de la
dynamite aux abords du tunnel du Gothard, afin d'aver-
tir les passants de se conformer aux précautions d'usage,
on hisse sur la première voiture un drapeau noir.

Les poudrières sont à leur tour protégées de la façon
la plus minutieuse. Elles sont entourées d'un mur assez
élevé pour qu'il soit difficile de l'escalader. On les bâ-
tit en général à un kilomètre au moins de toute habitation. Pour les préserver de la foudre, elles sont munies
de paratonnerres, non sur la poudrière elle-même, mais
aux quatre angles des murs qui l'entourent.

Il est interdit d'entrer dans les poudrières sans s'être
préalablement muni de sandales de feutre. Le sol intérieur est recouvert d'une natte. Tout ce qui pourrait
occasionner le moindre choc est soigneusement évité.
On ne fait entrer aucune portion de fer dans les char-
nières, serrures et autres parties nécessairement métalliques des portes et fenêtres. Toutes les parties métalliques, même les clefs, sont en cuivre.

Le personnel de surveillance intérieure doit veiller

à ce qu'on n'allume aucun feu dans le voisinage. Il est également sévèrement interdit de décharger des armes, fusils ou revolvers.

On veille encore à ce que la poudre ne prenne point d'humidité.

En Angleterre, des précautions plus grandes encore sont prises dans les magasins à poudre. Tous les chemins conduisant d'un bâtiment à l'autre sont recouverts de planches. Ces planches sont constamment arrosées et lavées pour en écarter le sable. On n'y marche qu'avec des chaussons de feutre, et, par-dessus ces feutres, on endosse une deuxième chaussure, quand on doit pénétrer dans l'intérieur des bâtiments.

En dépit de ces rigoureuses réglementations, les explosions se produisent fréquemment. A plusieurs reprises déjà, nous avons eu à les signaler. La longue énumération qui va suivre, que nous extrayons en partie d'un ouvrage fort bien fait, *la Poudre à tirer et ses défauts*, par MM. Andreas Rutzky et Otto Grahl, nous édifiera suffisamment sur les dangers que peut présenter, dans son transport et dans son emmagasinage, la poudre à canon.

§ 2. — Quelques explosions célèbres depuis les premiers âges jusqu'à nos jours. — Explosion des magasins de feu grégeois à Constantinople sous la quatrième croisade. — Le désastre du navire cuirassé *le Magenta* en octobre 1876.

La plus ancienne explosion dont l'histoire fasse mention semble être celle de la fabrique de poudre de Lubeck, en 1360, survenue par l'imprudence des hommes qui préparaient la poudre pour les bombardes.

Antérieurement à cette explosion, peut-être pourrait-on signaler celles des magasins de feu grégeois, qui auraient eu lieu à Constantinople, lors de la quatrième croisade et de la prise de cette ville par les Latins. Il est remarquable en effet qu'on ne fît, pendant ce siége, aucun usage du feu grégeois ; on a donc pu, des récits de divers historiens, inférer que les magasins avaient sauté, et qu'on n'avait point eu le temps de les remplacer.

En 1735, devant Marseille, la poudre d'une batterie, disposée dans des barils, s'enflamme par la seule détonation des canons. A Bude, en 1540, la poudrière d'une batterie fait également explosion par suite du tir de cette dernière.

En 1597, un boulet rouge fait sauter la poudrière du Rheinberg.

En 1703, on roule contre l'ennemi qui montait à l'assaut un baril de poudre muni d'une mèche enflammée. Chemin faisant, le baril se défonce, s'enflamme et communique, au moyen d'une traînée de poudre, le feu au magasin d'où on l'avait tiré.

Autre exemple d'explosion par le choc. En 1744, les Prussiens, quittant Prague, s'avisent de jeter dans un puits 5000 quintaux de poudre, afin de la rendre hors d'usage. Versée dans l'eau, la poudre s'enflamme par le frottement, et il en résulte une formidable explosion.

La poudre a également causé bien des sinistres, lorsqu'on ne connaissait point encore l'usage du paratonnerre. Ainsi, la foudre atteint et fait sauter, en 1521, la poudrière de Milan qui contenait 250 000 livres de poudre ; — en 1648, la poudrière de Saverne, en détruisant deux cents maisons ; — et, en 1749, la poudrière de Breslau. Soixante-cinq personnes périrent dans ce dernier sinistre, et près de quatre cents furent blessées. L'explosion de la poudrière de Brescia, en 1769, entraîne la mort de plus de trois cents personnes ; cinq cents sont blessées plus ou moins grièvement.

Nous ne saurions énumérer les explosions des magasins à poudre. Un statisticien calculait qu'il en saute réglementairement quatre ou cinq par année. Les plus mémorables explosions sont celles des moulins à poudre d'Essonne, en 1745 ; — des moulins de l'Ile-de-France en 1745 et 1756 ; — et surtout de ceux de Grenelle en 1794. Ces derniers sautèrent par suite d'une imprudence, et ensevelirent sous leurs décombres le nombreux personnel qui s'y trouvait occupé.

Signalons, parmi les explosions plus récentes, celles d'une fabrique de Danemark en 1821, survenue pendant la trituration avec les gobilles de bronze ; celle d'un moulin à poudre, à Dartford, occasionnée, dit-on, par le sable que le vent y avait apporté, et qui frappa avec force le pulvérin de la poudre.

Avouons que cette dernière cause présente un caractère assez étrange. Les récits suivants ne sont pas moins curieux. En 1816, une voiture de poudre quittait Bruxelles, et s'était déjà éloignée de la ville d'environ une lieue. Par malheur, un des tonneaux avait laissé perdre le long du chemin une traînée de poudre, si bien qu'une allumette, jetée par un passant à la porte de Bruxelles, communiqua le feu, par l'intermédiaire de cette traînée de poudre, jusqu'à la voiture qui fit explosion !

Pendant la guerre d'Italie, en 1859, près de Vérone, deux trains de chemins de fer se rencontrent. Les munitions de guerre d'une batterie, renfermées dans plusieurs des wagons, font explosion, doublant ainsi le désastre.

Les terribles catastrophes que nous venons de signaler sont des faits isolés, choisis de loin en loin parmi les nombreux désastres dont est remplie l'histoire de la fabrication et des usages de la poudre à canon. Récemment encore, le 28 octobre 1876, n'apprenions-nous point la perte d'un de nos plus magnifiques vais-

Explosion du *Magenta* (1876).

seaux cuirassés, *le Magenta*, détruit en rade de Toulon par l'incendie et l'explosion de la soute aux poudres?

« Toulon vient d'assister au plus épouvantable désastre — écrivait à la *Sentinelle du Midi* un témoin oculaire — le *Magenta*, l'un des premiers parmi les colosses de notre marine cuirassée, n'est plus! Le feu s'est déclaré entre minuit et une heure dans le coqueron, et malgré toute la promptitude des secours, on n'a pu arrêter les progrès de l'incendie. Quatre heures ont suffi pour ne rien laisser de ce superbe bâtiment qui, hier encore, marchait à la tête de notre escadre d'évolutions!

« A trois heures trente-cinq minutes, une explosion formidable se fait entendre; les flammes viennent d'atteindre la soute à poudre. A ce moment, une pluie de feu, de projectiles, de débris de toute sorte inonde la partie du Mourillon située entre la rade et la Grosse-Tour.

« La grande place du Polygone est jonchée de débris de bois carbonisé, de papiers, de fragments de vêtements, parmi lesquels on remarque un énorme clou de blindage tordu et encore brûlant.

« Une plaque de blindage a été projetée jusque sur le boulevard de la Rivière, entre la porte de l'Arsenal et la caserne de l'artillerie de marine; elle s'est enfoncée dans le trottoir à une profondeur d'au moins 50 centimètres. On parle aussi de boulets qui auraient été lancés dans la direction du polygone.

« A l'heure où cette explosion s'est produite, la ville a été plongée dans la plus profonde obscurité; pas un bec de gaz n'est resté allumé.

« Cette catastrophe a été pour Toulon un véritable désastre. Sur le port, les magasins, les cafés et les habitations particulières ont eu leurs glaces et leurs vitres entièrement brisées; les devantures ont été, les unes forcées, les autres ouvertes, à tel point que des sentinelles ont dû être placées de distance en distance pour protéger les magasins.

« Il n'est peut-être pas une maison qui n'ait été éprouvée dans la ville.

« Le Port-Marchand et le Mourillon ont eu également beaucoup à souffrir de cette horrible explosion; des fenêtres et des portes y ont été brisées; des persiennes ont été projetées sur la voie.

« Les Maisons-Neuves, le Pont-du-Las et la campagne n'ont pas été plus épargnés.

« Un obus projeté sur la toiture de la cale de la *Victorieuse*, dans les chantiers du Mourillon, y avait mis le feu, mais il a été promptement éteint.

« Dès avant quatre heures, toute la population de la ville et des faubourgs était sur pied. Le quai du port était littéralement envahi par une foule qui assistait, profondément émue, au poignant spectacle qu'offrait l'embrasement du *Magenta*. »

Immédiatement après l'explosion, le directeur des mouvements du port se mit en devoir de procéder au sauvetage des épaves du *Magenta*. Une compagnie de scaphandres fut organisée, et la carcasse du navire, déchirée par l'explosion, fut bientôt auscultée dans tous les sens. Disons-le tout de suite, le *Magenta* était particulièrement précieux à tous les titres; en dehors de son magnifique armement, il rapportait dans ses flancs les rares vestiges de sculptures et plaques commémoratives recueillies sur l'emplacement de l'antique Carthage. Ces monuments archéologiques furent, par un heureux hasard, protégés dans le désastre, et purent être recueillis sains et saufs.

L'épave monstrueuse du *Magenta*, si l'on en croit un témoin qui envoie ses impressions au *Monde illustré*, présentait un spectacle d'une grandiose désolation.

« A partir de la cheminée, qui a été projetée en avant

par l'explosion et écrasée par l'éboulement du blokhaus, la cassure du navire est effrayante. Rien ne subsiste de l'arrière, si ce n'est un étrange enchevêtrement de bois et de fer, épars de tous côtés. Seul, un morceau de l'étambot, de quatre à cinq mètres, est demeuré debout, comme pour indiquer où finit le vaisseau ; c'est sur cette pièce de bois, clef de voûte de la membrure arrière, que s'adapte le gouvernail, dont il ne reste d'ailleurs aucune trace.

« Des débris importants de la quille arrière ont été projetés dans les batteries de l'avant. Çà et là, on voit briller des surfaces polies ; ce sont des pièces de la machine, tordues, brisées, et tout cela produit des entassements et un pêle-mêle inextricables.

« En certains points, on aperçoit des boulets et des obus. Ces derniers sont retirés au moyen d'un appareil ingénieux appelé porte-obus, grâce auquel les sauveteurs sont à l'abri d'explosions, faciles à provoquer dans des projectiles si fortement ébranlés. »

Au milieu des épaves qui furent retirées par les scaphandres, l'une des plus curieuses était sans contredit le cabestan, tout déchiqueté par le désastre. Il suffisait de considérer cette énorme pièce, toute bardée de fer, longue de près de quatre mètres, pour se représenter fidèlement la puissance des gaz qui l'avaient projetée à cinquante mètres de sa place naturelle, tordue comme sous la main de fer d'un géant des légendes antiques.

§ 3. — La poudre au chlorate de potasse et le fulmicoton. — Explosion de la poudrerie d'Essonne en 1788, et de la poudrerie du Bouchet en 1848.

De même que la poudre noire, les poudres brisantes, comme la poudre au chlorate de potasse, le fulmicoton, la nitroglycérine et la dynamite, les picrates, possèdent leurs fastes lugubres dans les explosions. L'accident de la place Sorbonne, l'explosion des magasins de fulmicoton de Wiener-Neustadt et de ceux de Stow Market, que nous avons déjà relatés, sont ici pour en témoigner. Les explosions des poudreries d'Essonne en 1788, et du Bouchet en 1848, sont célèbres entre toutes.

. Nous savons que, après une longue série d'études, le fameux chimiste Berthollet avait songé à substituer au salpêtre, dans la composition de la poudre, un oxydant plus énergique encore, le chlorate de potasse. Il avait, en conséquence, fait demander au gouvernement l'autorisation de procéder à des expériences décisives, et la poudrerie avait été mise à sa disposition.

Comme d'habitude, la trituration des matières se faisait dans des mortiers au moyen de pilons, en ayant soin toutefois d'arroser d'eau le mélange, afin d'éviter le dégagement de chaleur. Le directeur de la poudrerie, M. Lefort, descendu dans les ateliers avec Berthollet, prétendit même que la trituration pouvait se faire à sec, et, s'approchant de l'un des mortiers, il se mit à remuer du bout de sa canne une petite quantité de poudre au chlorate desséchée sur les bords. Une épouvantable détonation se fit entendre aussitôt. Le directeur, sa fille et quatre ouvriers furent relevés affreusement mutilés. Berthollet échappa à la mort par un véritable miracle. Ce que nous connaissons des terribles propriétés détonantes de la poudre au chlorate de potasse nous explique facilement le sinistre.

L'accident de la poudrerie du Bouchet, survenu en juin 1848, n'est pas moins désastreux. On venait de préparer environ seize cents kilogrammes de fulmicoton, que quatre ouvriers étaient occupés à mettre en barils. Sans autre cause qu'une décomposition spontanée

probable, les magasins sautèrent. Les dégâts furent effroyables. Les quatre ouvriers occupés à emmagasiner
le coton-poudre furent tués, trois autres furent blessés.
Les bâtiments, dont les murs avaient cinquante centimètres à un mètre d'épaisseur, furent détruits de fond en
comble. Les barils qui renfermaient le corps détonant
avaient disparu, et on n'en retrouva point les vestiges.
Les pièces de bois de la construction étaient entièrement brisées. Cent soixante-quatre arbres situés aux
environs étaient tordus, arrachés même; à plus de trois
cents mètres, on retrouva des pièces de fer du bâtiment
détruit.

Déjà, en 1847, la manufacture de coton-poudre de
Dartford avait fait explosion. Nous citons seulement
pour mémoire celle des magasins autrichiens des faubourgs de Vienne, et celle de Stow Market survenue en
1871, ayant toutes deux donné lieu à des sinistres terrifiants.

§ 4. — La nitroglycérine et la dynamite. — La machine infernale
de la *Moselle*, à Bremerhafen.

Plus encore que leurs aînées, les deux substances
explosives que nous avons longuement étudiées, la nitroglycérine et la dynamite, ont à enregistrer des explosions sans nombre. Il nous est inutile de revenir sur
ces désastres, dont nous avons longuement parlé, qu'il
s'agisse des explosions du *glonoïn oil* dans les ports
américains, ou du sautage des mines dans les exploitations souterraines. Nous nous contenterons de reproduire le récit du lugubre drame de Bremerhafen, célèbre dans les annales de ce que nous pourrions appeler le « crime par la science ». S'imagine-t-on qu'il
puisse exister au monde un criminel, si endurci qu'il
soit, capable de concevoir dans son esprit le hideux

19

projet de faire sauter en mer, au moyen d'une machine
infernale bourrée de dynamite, et dont l'explosion sera
déterminée par un mouvement d'horlogerie, un navire
sur lequel le misérable aura pris une assurance considérable !

La grandeur du forfait rend incroyable l'énoncé
même du crime, et cependant ce crime a été conçu et
exécuté par son auteur, comme va le prouver le lugubre récit que nous empruntons à la *Gazette de Magde-
bourg* :

Dans la matinée du 10 décembre 1876, la *Moselle* se
disposait à quitter Bremerhafen, ayant devant son étable
le remorqueur *le Simson* (le *Samson*), qui devait rom-
pre la glace de l'avant-port et lui aider à gagner le
courant, lorsqu'il arriva encore au dernier moment,
devant le Lloyd, deux wagons, dont l'un contenait des
marchandises en grande vitesse et l'autre des bagages
qui devaient être embarqués à bord de la *Moselle*. On
les transporta sur le navire au moyen de voitures, et,
au moment où l'on déchargeait devant la *Moselle* le
dernier de ces véhicules, qui contenait quatre caisses
et un tonneau, il se produisit tout à coup une effroyable
explosion. Il était alors dix heures vingt minutes.

L'effet fut terrible. Le bord du quai était couvert
de monde. Parmi les personnes qui se trouvaient là, les
unes faisaient partie de l'équipage du bateau à vapeur
et étaient occupées à recevoir les colis, les autres
étaient des curieux ou des passagers qui disaient adieu
à leurs amis.

Un témoin de l'accident, qui se trouvait sous la
passerelle, à bord de la *Moselle*, lorsque l'explosion eut
lieu, vit presque au même instant un grand nombre de
masses noires voler de tous côtés et constata la dispa-
rition presque complète des personnes qui se trouvaient
sur le quai.

Craignant, au premier moment, une explosion de la chaudière à vapeur, il s'élança sur le pont, où il fut couvert d'une grêle de sable, de morceaux de verre, de lambeaux de chair, etc. La dévastation produite à bord de la *Moselle* était effroyable.

Dans les claires-voies du pont, il ne restait plus une seule fenêtre intacte; les compartiments de bâbord étaient effondrés et fracassés, les traverses et les planches étaient mises en pièces. A tribord même, les cabines avaient été défoncées par la pression de l'air; les plaques du flanc du navire étaient crevées; les vitres avaient été projetées à l'intérieur avec leurs châssis et leurs rivets. Tout était couvert de sang et de lambeaux de chair.

Dans la cale et dans toutes les parties du navire on retrouva des bras, des jambes et d'autres fragments de corps humains; il y avait, par exemple, dans la partie inférieure de la cale, des membres qui y avaient pénétré par les écoutilles.

Les portes de côté des écoutilles avaient été brisées par la pression de l'air et arrachées de leurs gonds, et le côté antérieur de la chambre de navigation, qui est située sur le pont, était effondré. Tout le navire était couvert de débris de verre; il y en avait même sur les mets qui allaient être distribués, près de la cuisine à vapeur, aux passagers de l'entre-pont.

Il y avait à terre, à l'endroit où la caisse avait été déchargée, un trou de six à sept pieds de profondeur, et le sol semblait avoir éprouvé sur ce point une forte pression de haut en bas. On voyait tout alentour une foule de membres et de vêtements déchirés et épars. On apercevait, dans de grandes mares de sang, ici un bras, là une jambe, des intestins et des corps mutilés.

D'où cette tragique explosion provenait-elle? Que contenait la caisse? Sans doute de la nitroglycérine.

Les hommes qui l'avaient amenée et déchargée n'existaient plus, leurs membres s'étaient dispersés aux quatre coins du port.

Mais les soupçons se firent peu à peu jour. Un ouvrier vint confier au capitaine qu'il avait causé avec un monsieur de trente-trois ans environ, bien mis, lequel lui avait recommandé de tenir la fatale caisse éloignée du feu.

Le capitaine se rappela alors que ce même individu qu'on lui dépeignait l'avait abordé à différentes reprises avant l'explosion, lui demandant des renseignements sur ceci, des détails sur cela, au point de l'importuner.

Un chauffeur, qui avait regardé d'assez loin le colis, avait été frappé de son aspect. « J'ai travaillé, dit-il, dans une fabrique de produits chimiques du Rhin, et c'est ainsi que nous emballions les matières explosives. » L'objet mi-caisse, mi-futaille, avait la forme conique, deux pieds de haut, deux pieds de largeur au-dessous et un pied à la partie supérieure.

Un voyageur, qui heureusement s'était attardé dans un cabaret voisin, déclara à son tour que le coupable ne pouvait être que l'homme soupçonné, avec lequel il avait lié connaissance au cabaret même. Il lui avait appris entre deux verres de bière qu'il se nommait Thomas, qu'il était de Dresde, que ses affaires l'appelaient souvent en Amérique, où il s'était déjà rendu quinze fois ; qu'il avait passé par Berlin, où il s'était procuré pour 15 000 dollars de *greenbacks;* que longtemps il avait séjourné à Brême, où il était descendu à l'hôtel du Nord, etc.

Mais où trouver ce sinistre passager ? Vers cinq heures de l'après-midi, deux capitaines du port causaient de l'événement de la *Moselle,* quand il leur sembla entendre des gémissements. Ils écoutèrent, se levèrent, s'approchèrent d'une cabine de première classe, fermée à l'intérieur, et se convainquirent que c'était de là que partaient les plaintes. L'un d'eux ayant regardé par une fissure, aperçut un homme étendu sans mouvements sur le plancher. Un charpentier fut appelé, il enfonça la porte et.... c'était Thomas !

Il s'était tiré deux coups de revolver dans la poitrine, l'arme gisait à ses pieds; quatre coups étaient encore chargés. Les médecins accoururent et ordonnèrent de porter le blessé à l'hôpital.

Quand il eut repris connaissance, on l'interrogea ; il déclara ne rien savoir du baril destructeur. On lui dit qu'il allait mourir, que c'était un puissant motif d'avouer la vérité; il secoua la tête et s'évanouit.

L'enquête qui suivit le terrible désastre de Bremerhafen révéla les moindres péripéties du drame odieux dû à l'instigation de Thomas.

L'appareil qui était dans le baril et qui devait occasionner l'explosion au bout de trois jours, ressemblait au mécanisme d'une horloge ; il était placé dans un disque qui se trouvait au milieu du baril et qui était muni d'un trou.

Ce mécanisme avait été fabriqué à Bernbourg par un mécanicien du nom de Fuchs. Ce mouvement silencieux devait marcher pendant dix jours et faire partir alors un ressort de la force d'un marteau de trente livres.

Thomas avait commandé vingt autres mouvements semblables. Les négociations entre lui et Fuchs dataient déjà du printemps de 1873.

Son but était de produire une explosion pour amener l'anéantissement en pleine mer de navires assurés, et de toucher ainsi les primes d'assurance.

Depuis les derniers jours de novembre, Thomas logeait à l'hôtel la Ville-de-Brême et fréquentait assidûment un des premiers cafés de la ville. C'est là qu'il poursuivit son plan diabolique, qu'il mit en état sa machine infernale, et qu'il l'introduisit secrètement et sûrement dans le tonneau rempli de matière fulminante.

A cet effet, il avait loué pour une quinzaine de jours environ, dans la rue d'Osterthorwall, une remise appartenant à la maison n° 172. Il y avait fait transporter son tonneau, reçu de New-York sans doute par le vapeur *le Rhin*, d'après une communication de l'administration du chemin de fer du Weser. Ce tonneau, qui fut probablement déclaré comme contenant de la poudre à polir, avait dû faire une fois déjà la traversée de New-York, et, comme il avait manqué son but, Thomas l'avait fait revenir et l'avait repris.

La matière fulminante provenait, selon toute vraisemblance, comme on l'a déjà dit, d'une fabrique rhénane où Thomas avait déjà fait quelques commandes.

Un nouveau récipient fut commandé par lui à un tonnelier de Brême ; le tonneau livré fut rempli avec le contenu de l'ancien, et le mécanisme d'horlogerie y fut inséré ; après quoi les ouvriers d'une autre maison furent appelés pour fermer le tonneau.

Avant cette opération, le corpulent Thomas était allé à la boutique de l'horloger Bruns, suant et soufflant, car il portait son horloge, c'est-à-dire un poids de plus de trente livres, à laquelle il avait enlevé son caractère inquiétant par le retrait du ressort à aiguille. Il venait remettre l'ouvrage entre les mains d'un fabricant pour qu'on le nettoyât et qu'on le graissât. Après en avoir fait l'épreuve le 29 novembre, et avoir longtemps épié sa marche silencieuse, il l'emporta dans une toile cirée noire et paya le marchand.

Il avait paru très-désagréablement impressionné quand l'horloger lui avait dit que la machine était remontée. Bien qu'il soit facile de suspendre le mouve-

ment d'une horloge qui se trouve dans ce cas, Thomas
attendit probablement que le mouvement s'arrêtât de
lui-même, ce qui dut avoir lieu le 8 décembre, pour
essayer l'effet de l'aiguille une fois adaptée.

L'installation du tonneau terminée, il s'agissait de le
transporter à destination. Montant et descendant la rue,
il avisa deux ouvriers d'un chantier du *Schuthoff*, et
les détermina à lui porter son colis pour le jeudi 9 décembre, à cinq heures et demie du soir. Il s'empressa
d'empêcher qu'ils n'en dissent un mot à leur patron.
C'est ainsi que le mystérieux transport s'effectua lentement, pas à pas, à travers les artères les plus fréquen-
tées de la ville, depuis la rue d'Osterthorwall jusqu'à
l'entrepôt du Lloyd de l'Allemagne du Nord. Thomas
accompagnait le véhicule, marchant tantôt en avant,
tantôt en arrière ; et comme il exigeait vivement qu'on
allât au pas, il dut payer deux marcs (le marc, 1 fr.
25 c.) pour la distance qui n'était que de sept cents
pas.

Le drame qui suivit nous est connu. Ce qu'on ignore
peut-être, c'est que le misérable était loin probablement d'inaugurer la série de ses méfaits. La catastrophe
du port de Bremerhafen réveilla les souvenirs de faits
identiques, dans lesquels l'assassin de Brême pouvait
avoir joué le même rôle odieux.

Le navire *City of Boston*, qui faisait le trajet de
Liverpool à Boston et suivait par conséquent une route
très-fréquentée, disparut il y a quatre années, sans laisser aucune trace depuis le jour où il quitta Boston.
Aucun bâtiment ne l'a rencontré nulle part. Si l'explosion
d'une machine infernale analogue à celle de la *Moselle*
à détruit ce steamer, plus de deux cent cinquante personnes auront péri dans ce désastre inouï.

Le récit qui va suivre est probant, et démontre clai-
rement que le criminel de Brême n'en était point à son

coup d'essai. En octobre 1876, une caisse fut apportée
sur le navire *le Celtique,* en partance pour New-York,
par un nommé Thomas ou Thomassen, qui essaya vaine-
ment de la faire assurer pour six mille livres sterling.
La caisse étant restée en souffrance en possession de la
Compagnie transatlantique, on eut l'idée de l'ouvrir
lors de l'explosion de Bremerhafen. Elle contenait une
autre caisse en acier avec cent livres de poudre !

Ces sortes de machines infernales paraissent même
avoir été de tout temps l'objectif d'audacieux criminels,
si l'on en croit le fait historique suivant.

Au printemps de 1645, la flotte suédoise était ancrée
dans le port allemand de Wismar. Le major général Wran-
gel devait faire la traversée pour aller en Suède à bord
du *Lion,* et l'amiral Blume se trouvait sur le *Dragon.*
Quelques heures avant le départ, un individu vint demander qu'on lui prît à bord deux caisses contenant
des effets. On ne fit aucune difficulté; mais au moment
de lever l'ancre, on s'aperçut qu'une de ces caisses,
qui avait été déposée sur le vaisseau amiral près du
magasin à poudre, faisait entendre un bruit singulier,
pareil à celui d'un mouvement d'horloge. On l'ouvrit et
l'on trouva, en effet, un mécanisme d'horlogerie en
communication avec une pierre à fusil, de la poudre,
du soufre et de la poix. L'expéditeur de ces caisses,
un nommé Hans Krevet, de Barth, interrogé sur leur
contenu, prétendit les avoir reçues des mains de trois
habitants de Lubeck. Reconnu coupable de complicité
avec un marchand danois, Hans Krevet fut condamné
à mort et exécuté le 5 juillet 1645.

Le bureau de la guerre prussien posséderait même
une machine infernale à peu près pareille à celle de
la *Moselle.* Cette machine, dit-on, aurait été apportée
en juillet 1870 par un Américain, qui la recomman-
dait comme un moyen infaillible pour détruire la ma-

rine française. On raconte même que son constructeur aurait été le principal associé de Thomas.

§ 5. Jean Bart et le *Vengeur*. — Destruction du fort de Peï-Ho pendant la campagne de Chine de 1860. — Explosion de la citadelle de Laon le 9 septembre 1870. — Explosion du Kremlin, par les ordres du général Mortier.

Nous pourrions étendre indéfiniment cette énumération déjà si lugubre, en ajoutant à notre répertoire de catastrophes accidentelles la liste de celles survenues par le fait et la volonté de l'homme, dans des circonstances d'un intérêt historique plus considérable que ne peuvent l'être les explosions semblables à celle du port de Brême.

Dès qu'on connut les effets de la force explosive de la poudre, on dut en faire usage pour détruire les remparts des villes et des forteresses. La longue portée des canons actuels ne permet plus l'approche aussi facile des murailles, et, par suite, la mine ne joue plus un aussi grand rôle dans les siéges. On peut citer cependant, au nombre de ces exploits militaires, la destruction du fort Peï-Ho, pendant la campagne de Chine de 1860. Huit fourneaux de mines furent simultanément enflammés à l'aide de l'appareil de Rhumkorff. L'effet fut prodigieux, la destruction complète. Le tableau, au dire des spectateurs de ce désastre, représentait une grande vague de terrain déversée de tous côtés, avec peu de projections verticales.

Quant aux faits d'explosion volontaire, si l'on peut parler ainsi, sans rappeler l'anecdote de Jean Bart, fumant tranquillement sa pipe sur un baril de poudre et menaçant de faire sauter le vaisseau sur lequel on veut le retenir ; sans rappeler davantage le fameux *Vengeur*,

qui sombra d'ailleurs sous les boulets ennemis, mais
ne fit pas explosion comme on l'a prétendu, il n'est
pas sans intérêt de rappeler certains faits héroïques,
tels que l'explosion de la citadelle de Laon, pendant les
premiers jours de l'invasion allemande.

Le 9 septembre 1870, racontent les journaux du
temps, l'ennemi se présentait devant Laon avec des forces considérables. Laon, ville ouverte, ne pouvait résister qu'avec sa citadelle. Les habitants envoyèrent
alors une députation au commandant Théremin, pour
l'inviter à ne pas tenter une résistance qui leur parais-
sait inutile et désastreuse. Après une longue discussion,
le commandant parut se rendre aux sollicitations des
habitants et donna l'ordre de laisser entrer les assaillants. Mais il avait pris d'avance ses mesures. A peine
l'ennemi avait-il mis le pied dans la place, que le commandant donne l'ordre de faire sauter le fort. L'état-
major prussien, avec quelques centaines d'hommes qui
l'accompagnaient, sautèrent avec les débris de la citadelle.

C'était là un acte d'héroïsme devant lequel nous ne
pouvons que nous incliner ; l'explosion du Kremlin par
les ordres de Bonaparte, destruction qui acheva la
ruine de Moscou, ne fut qu'un acte de basse rancune et
de vengeance.

Le général Mortier fut chargé de l'exécution du plan
établi à l'avance. Tandis que l'armée commençait sa
fatale retraite, il fit accumuler les tonneaux de poudre
sous les voûtes du palais des tzars. Mortier resta quelques jours encore avec trois mille hommes sur ce volcan, qu'un projectile russe pouvait à tout moment faire
éclater. Au moment où les Cosaques pénétraient dans
la ville, Mortier battit en retraite, laissant derrière lui
un artifice habilement préparé, qu'un feu lent dévorait
déjà. A peine les Cosaques, avides de pillage, s'étaient-

ils précipités sur le Kremlin, qu'une effrayante détonation se fit entendre. La terre tremble, les murs s'écroulent, les membres mutilés des occupants sont dispersés au loin. Bonaparte a voulu marquer, comme d'une borne sanglante, la première étape de cette douloureuse retraite qui devait engloutir et river sous la neige les meilleurs et les plus vaillants de la grande armée.

Nous arrêterons ici les récits que nous avons empruntés à l'histoire des différents corps explosifs. Chacun d'eux, on le voit, possède ses tristes pages, depuis l'antique poudre noire de Roger Bacon, jusqu'à la dynamite, la dernière venue, et cependant la plus puissante. — En même temps que cette revue se termine la tâche que nous nous étions assignée dès le commencement de ce volume. Les corps explosifs nous sont désormais connus. Sans rien vouloir leur enlever du rôle prépondérant qu'ils sont appelés à jouer de tout temps dans la guerre, puissent-ils grandir plus encore dans leurs applications à ces merveilleux travaux dont nous avons cité quelques exemples, sources de richesses et de prospérités pour les peuples, victoires pacifiques de l'intelligence et de la raison humaine, appelées dans les temps futurs, lointains, hélas! à reléguer au rang des souvenirs lugubres des siècles passés ce fatal « art de tuer », pour lequel semble avoir été créée et perfectionnée la poudre à canon.

FIN

APPENDICE

—

ANNEXE 1

Exposé historique des circonstances qui ont donné lieu à la publication de l'ouvrage : *Description de l'Art de fabriquer les canons*, faite en exécution de l'arrêté du Comité de salut public du 18 pluviôse an II de la République française, une et indivisible, par GASPARD MONGE. Imprimé par ordre du Comité de salut public, à Paris, de l'imprimerie du Comité de salut public, an II de la République française. (Cet exposé historique sert de *Préface* au livre de Monge.)

Dans la guerre que la République française naissante est forcée de soutenir contre la coalition impie des principaux tyrans de l'Europe, un des malheurs qu'elle avait le plus à redouter était de manquer de poudre. La lenteur des procédés qu'on avait suivis jusqu'alors dans la fabrication de cette espèce de munition, ne donnant pas l'espoir de pouvoir fournir à la consommation de quatorze armées, et la rareté du salpêtre, qui est le principal ingrédient de la poudre, ne permettant pas d'alimenter des fabriques nouvelles, dans lesquelles on aurait établi des procédés plus hâtifs et plus conformes à l'urgence des besoins de la République, il fallait un effort national et la Convention l'a produit.

Par le décret du 14 frimaire [1], elle invita tous les citoyens à lessiver toutes les terres salpêtrées de leurs habitations; elle chargea les municipalités d'exploiter celles que les particuliers n'auraient pas la facilité de lessiver. Elle établit, dans chaque district, un agent chargé de surveiller ces opérations,

—

[1] 4 décembre 1793.

et, dans chaque département, un préposé chargé d'instruire les agents. Ce décret fut accompagné d'une instruction claire et à la portée de tous les citoyens, dans laquelle on avait exposé les principales opérations du salpêtrier, qui consistent dans le choix des terres, dans leur lessivage et dans les évaporations nécessaires pour obtenir le salpêtre brut.

Pour assurer l'exécution du décret de la Convention, le Comité de salut public divisa le territoire de la République en huit arrondissements, dans chacun desquels il envoya, en qualité d'inspecteur, un artiste distingué par son patriotisme et par ses lumières, dans l'art de traiter les sels. Ces inspecteurs furent chargés de mettre partout la plus grande activité dans l'exploitation du salpêtre et d'en diriger les opérations.

Toutes ces mesures ne tranquillisaient pas encore le Comité de salut public sur l'exécution du décret. Indépendamment des effets de la malveillance, il avait à redouter le défaut d'instruction et surtout le défaut d'exemple.

A la même époque, la République éprouvait un besoin d'un autre genre et d'une importance aussi grande.

Réduite à ses propres forces contre les marines réunies de l'Angleterre, de la Hollande, de l'Espagne, de la Russie et de Naples, elle n'avait pas un assez grand nombre de vaisseaux pour lutter contre tant d'ennemis, et il lui manquait 6000 pièces de canon de fer coulé pour armer ceux dont la construction était ordonnée.

Le Comité de salut public, après s'être assuré qu'en convertissant en fonderies de canons un certain nombre de hauts fourneaux dans lesquels on coule de la fonte de bonne qualité, et qu'en transformant en foreries toutes les grosses forges qui se trouveraient sans emploi, par la nouvelle destination de cette fonte, il était possible de satisfaire promptement à la demande d'un aussi grand nombre de pièces d'artillerie, distribua en quatre arrondissements le territoire sur lequel ces fourneaux sont situés. Il envoya dans chacun de ces arrondissements un représentant du peuple, avec les pouvoirs de faire toutes les réquisitions nécessaires à la création de nouveaux établissements, et il donna à chacun de ces représentants deux artistes exercés dans l'art de la fonderie, porteurs d'une instruction qui leur indiquait, d'une manière générale, les moyens d'accélérer les travaux dont ils devaient être chargés.

Dans toutes les anciennes fonderies de France, on suivait encore le procédé du moulage en terre. La lenteur de ce procédé ne convenait point aux circonstances dans lesquelles se trouvait la République. Il fallait partout lui substituer le procédé rapide du moulage en sable, et l'introduire dans tous les établissements nouveaux. Mais ce changement exigeait un grand nombre de modèles en laiton de canons de tous calibres. Il exigeait, pour l'exécution de machines nouvelles, des ouvriers intelligents et exercés qu'on ne pouvait espérer de trouver dans les lieux écartés où se trouvent ordinairement placés les fourneaux de fer coulé. On ne pouvait même espérer d'y trouver les outils nécessaires.

Le Comité de salut public leva ces obstacles.

Par rapport aux modèles, il chargea les fonderies de Paris d'en tourner vingt de chaque calibre.

Ces modèles ont été exécutés ; plusieurs sont déjà rendus à leur destination, et les autres se distribuent journellement dans les différentes fonderies, en proportion de leurs besoins. On y joint des assortiments de forets qui seront d'abord employés pour donner aux travaux la plus prompte activité, et qui serviront ensuite de modèles lorsqu'il faudra les renouveler.

Par rapport aux ouvriers intelligents, le Comité de salut public convoqua les charpentiers de Paris dans la salle des électeurs, et les chargea d'élire entre eux les cinquante citoyens les plus intelligents et les plus exercés. Il procura à ces cinquante citoyens toutes les instructions nécessaires ; il leur fit parcourir les différents ateliers de Paris où l'on emploie des machines analogues à celles qu'ils doivent exécuter ; il leur en fit prendre les dessins, et il les distribua par brigades aux représentants du peuple chargés d'établir les fonderies.

Malgré ces mesures et un grand nombre d'autres, dans le détail desquelles il serait trop long d'entrer, le Comité de salut public avait encore à redouter l'effet des préjugés, qui, dans les fabriques, résistent à l'introduction des procédés nouveaux, et celui de l'ignorance qui se déconcerte au premier revers, et ne sait pas profiter des tentatives infructueuses. Le moyen de surmonter encore cette dernière difficulté était de répandre l'instruction.

Par son arrêté du 14 pluviôse, le Comité de salut public

appela à Paris, de chaque district de la République, des citoyens choisis parmi les canonniers de la garde nationale, pour
y apprendre, dans des cours révolutionnaires, l'art d'extraire
le salpêtre, le procédé nouveau du raffinage de cette substance,
la nouvelle manière de fabriquer la poudre; enfin, la fabrication des canons de bronze pour le service de nos armées
de terre, et de fer coulé pour l'armement de nos vaisseaux.
Il chargea de ces cours les citoyens :

FOURCROY . . . . ⎫
PLUVINET . . . . ⎬ Pour le salpêtre.
DUFOURNY . . . . ⎭

GUYTON . . . . ⎫
CARNY. . . . . ⎬ Pour la poudre.
BERTHOLLET . . . . ⎭

HASSENFRATZ. . . . . . . ⎫
MONGE. . . . . ⎬ Pour les canons.
PERRIER. . . . . ⎭

Et il arrêta que chacun des trois instituteurs, pour un
même objet, ferait un cours complet, afin que les mêmes
choses, par les manières différentes d'être exposées, de-
vinssent claires pour tous les genres d'esprits.

Cette mesure a eu tout le succès que le Comité de salut
public s'en était promis. Les élèves envoyés par les districts
étaient pleins de zèle et d'intelligence ; ils suivirent avec exac-
titude les cours du salpêtre et de la poudre, qui se faisaient
le matin, à l'amphithéâtre du Jardin des Plantes, et ceux de
la fabrication des canons, qui se faisaient dans la salle des
Électeurs de Paris. Le reste du jour était employé à visiter les
ateliers de salpêtre des sections de Paris, qui étaient déjà en
activité, et à suivre les travaux de la fabrication des canons,
dans les quatre principales fonderies. La nuit, dans leurs
casernes, ils rédigeaient les leçons de théorie et de pratique
qu'ils avaient reçues dans la journée, ou ils s'occupaient du
perfectionnement des procédés nouveaux.

A la fin des cours, toutes les sections de Paris se réunirent
à eux pour une fête dans laquelle ils présentèrent à la Convention le salpêtre brut qu'ils avaient extrait eux-mêmes
des terres de leurs casernes, celui qu'ils avaient raffiné par
les nouveaux procédés, la poudre qu'ils avaient faite, et une
pièce de canon de bronze qu'ils avaient moulée au sable,

coulée, forée et tournée, et qui, le même jour, soutint les épreuves d'usage.

Cette fête fut une des plus belles de celles qui ont eu lieu dans la Révolution. Toutes les sections y assistèrent, portant l'hommage de leurs travaux en salpêtre, qu'elles avaient fait cristalliser sous des formes patriotiques, toutes très-aimables, et la plupart très-ingénieuses.

Les cours terminés, ceux des élèves qui ont voulu retourner chez eux ont porté dans leurs districts les connaissances qu'ils avaient puisées dans les cours; et ceux qui se sont mis à la disposition du Comité ont été distribués, soit dans l'atelier de la raffinerie, à l'Unité, soit dans celui de la fabrique de poudre de Grenelle, au succès de laquelle ils ont contribué, soit enfin dans les fonderies montées par les soins des quatre représentants du peuple, et où ils ont porté l'audace et la confiance nécessaires au succès de tout établissement nouveau.

Malgré le zèle des instituteurs et l'ardeur avec laquelle les élèves ont reçu l'instruction des cours révolutionnaires, le Comité de salut public a craint qu'une instruction aussi rapide, sur des objets aussi multipliés et aussi nouveaux pour la plupart des élèves, ne jetât pas des racines assez profondes; il a voulu rendre durable le bien qu'avait produit une mesure révolutionnaire; il a désiré que l'*art de la fabrication des canons* fût décrit et publié; et pour cela, il a pris l'arrêté suivant :

Du 18 pluviôse an second de la République française, une et indivisible.

ARRÊTÉ

Le Comité de salut public, considérant qu'il est nécessaire de faire la description de la fabrication des canons, afin de donner à toutes les usines que l'on met en activité dans ce moment les moyens de mouler, fondre et forer promptement les canons dont la République a besoin,

ARRÊTE :

1° Qu'il sera fait une description des procédés employés dans la *fabrication des canons*, et que cette description sera accompagnée de gravures qui représenteront les plans et les détails de toutes les parties de la fabrication ;

2° Que Gaspard Monge sera chargé de cette description ;

3° Que les dépenses que ce travail occasionnera seront payées sur les sommes mises à la disposition de la Commission des armes et poudres.

Les membres du Comité.

C'est en exécution de cet arrêté que l'ouvrage que l'on présente ici a été rédigé.

Pour le rendre d'une utilité plus générale, on a tâché d'y exposer, avec clarté, ce que les dernières découvertes nous ont appris sur la nature du fer coulé, sur celle du fer forgé ; enfin, sur la composition de l'acier, et sur les procédés que l'on emploie pour fabriquer tant l'acier naturel que celui de cémentation.

ANNEXE II

RAPPORT SUR LES SALPÊTRES, PAR LE COMITÉ SCIENTIFIQUE DE LA DÉFENSE DE PARIS[1]

Monsieur le Ministre,

Le Comité scientifique de défense s'est préoccupé de la nécessité de préparer de nouvelles ressources pour suppléer à l'insuffisance éventuelle de notre approvisionnement en poudre.

Parmi ces ressources, l'une des plus intéressantes est la *recherche des salpêtres naturels* dans les matériaux des habitations. Le Comité a institué une enquête sur cette question, avec le concours de la Société chimique et des Comités scien-

---

[1] Le Comité était composé de MM. Berthelot, président ; Bréguet, d'Almeida, Fremy, Jamin, Ruggieri, Schutzenberger ; M. Berthelot, rapporteur. Le rapport a été remis au Gouvernement dans les premiers jours d'octobre 1870.

tifiques des vingt arrondissements. Elle a fait recueillir méthodiquement et analyser les efflorescences, plâtras, terres de caves, etc., spécialement dans le septième arrondissement, avec le concours de M. Ribeaucourt, maire, et de M. Saint-Edme, secrétaire de l'assemblée générale des vingt Comités scientifiques ; dans le quatorzième, avec le concours de M. Fouqué, docteur ès sciences ; dans le cinquième, avec le concours de M. Schutzenberger ; dans le sixième, avec le concours de MM. Thiercelin et Willm, etc.

Nous avons étudié les travaux anciens sur la nitrification, et surtout les Mémoires publiés dans le *Recueil des Savants étrangers* de l'Académie des sciences, en 1786. Nous avons recherché, dans les archives nationales, les anciens décrets et règlements relatifs aux salpêtres, depuis 1540 jusqu'à la période révolutionnaire et jusqu'au milieu du dix-neuvième siècle ; nous avons recueilli des renseignements auprès d'anciens salpêtriers encore vivants.

La mairie de Paris a bien voulu nous fournir aussi d'utiles documents.

Ce sont les résultats de cette enquête rapide qui vont être résumés sous les chefs suivants :

1° Nature et richesse des *matériaux salpêtrés;*

2° *Procédés individuels* pour les récolter ;

3° Marche proposée pour la *récolte générale* dans tout Paris.

§ 1. — Nature et richesse des matériaux salpêtrés.

Les matériaux salpêtrés les plus répandus sont :

Les efflorescences ;

Les terres de caves, sous-sols, étables et écuries ;

Les terreaux des maraîchers et substances analogues ;

Les vieux plâtras, ciments et pierres calcaires des habitations.

Efflorescences. — A la surface des terres, pierres calcaires, ciments et plâtras, il se produit fréquemment des efflorescences extrêmement riches en nitrates et qu'il est facile de recueillir par de simples balayages et grattages superficiels.

Plâtras, ciments et pierres calcaires. — Ces matériaux ne sont riches en nitrates qu'au voisinage du sol et dans les lieux imprégnés depuis longtemps par des liqueurs et émanations animales. Au-dessus de 2 à 3 mètres, les quantités de nitre deviennent insignifiantes. La nitrification de ce genre de matériaux se manifeste par une sorte de désagrégation et par l'apparition des efflorescences.

La proportion des nitrates dans ce genre de matériaux varie beaucoup. Dans ceux que nous avons fait analyser, la richesse moyenne était de 1 à 1,1/2 pour 100. Les plus riches ne dépassent pas 3 à 4 pour 100. Cette richesse est en raison directe avec la vétusté et la malpropreté des habitations.

. *Terres et terreaux.* — La terre des caves, écuries, étables, sous-sols, etc., renferme des proportions de nitrates analogues aux précédentes, toutes les fois qu'elle n'a pas été soumise à des lavages incessants ou à des infiltrations trop abondantes. Le nitre n'existe en quantité notable que jusqu'à 20 ou 25 centimètres de profondeur. Il s'élève à 1,1/2, 2,1/2 pour 100, et même davantage.

Les mêmes terres, déposées en tas sous des hangars, dans des lieux modérément aérés et éclairés, fournissent une nouvelle proportion de nitrates, après quelques semaines ou quelques mois d'exposition. On sait que l'on peut aussi accroître cette proportion par certaines pratiques, telles que l'addition des cendres, sels alcalins, matériaux calcaires, jointe à celle des liquides d'origine animale. Ces pratiques jouaient un rôle important dans les anciennes fabrications; mais elles sont trop lentes pour être proposées dans les circonstances actuelles.

Pour compléter ces renseignements, il faudrait évaluer la quantité totale des matériaux salpêtrés que l'on pourrait extraire de Paris, et y joindre celle des cendres de bois indispensables pour transformer en nitrate de potasse les nitrates terreux qui prédominent dans les matériaux salpêtrés. Ces évaluations sont difficiles et arbitraires. Cependant, d'après nos recherches actuelles, et d'après le souvenir des anciennes fabrications, qui tiraient de Paris et de ses environs 1 100 000 livres de salpêtre environ par an avant 1789, nous pensons qu'il serait possible d'extraire du sol parisien, et spécialement de la partie récemment annexée et des communes adjacentes, *plusieurs centaines de milliers de kilogrammes de nitrates.*.

D'autre part, la production annuelle des cendres peut être estimée, d'après les quantités de bois et de charbon de bois qui payent les droits d'octroi, à une quantité qui s'évalue par dizaines de millions de kilogrammes.

La quantité produite mensuellement à l'époque actuelle de l'année (octobre) surpasse certainement la moyenne, et, sans entrer dans des évaluations incertaines, il est facile de reconnaitre que cette quantité serait plus que suffisante pour changer en nitrate de potasse tous les nitrates terreux et autres que l'on pourrait extraire des matériaux salpêtrés.

Il sagit maintenant de recueillir ces divers matériaux.

Nous parlerons d'abord de la récolte individuelle, puis de la récolte générale.

§ 2. — Procédés individuels pour la récolte des matériaux salpêtrés.

La récolte individuelle des cendres n'offre aucune difficulté. Celle des matériaux salpêtrés doit être faite avec méthode, pour éviter toute dégradation.

Voici les pratiques qui semblent le plus convenables :

1° Balayer et gratter légèrement les murs des caves, écuries, étables, sous-sols et rez-de-chaussée, dans les maisons anciennes, tant à l'intérieur qu'à l'extérieur (pour les rez-de-chaussée, écuries, etc.). Cette opération ne devra être faite que là où il n'existe point de peinture ou d'enduit récent. Les balayures et raclures seront rassemblées à mesure et entassées dans un lieu sec, non exposé à la pluie.

2° Recueillir les plâtras et matériaux de démolition, provenant des portions souterraines, du rez-de-chaussée et des constructions au niveau du sol, ainsi que des conduites de latrines; rejeter toute pierre qui ne semblerait pas salpêtrée, soit à l'aspect, soit au goût; enfin, amasser ces matériaux sous un hangar sec, à l'abri de la pluie.

3° Enlever la terre des caves, sous-sols, écuries et étables non pavées, jusqu'à une profondeur de 20 centimètres environ, en évitant de déchausser les fondations.

Entasser cette terre sous un hangar.

4° Agir de même avec les *terreaux*, s'ils n'ont été déjà réservés pour la culture.

5° Les *cendres*, d'autre part, étant récoltées pendant quelques jours, en même temps que les matériaux salpêtrés, on disposera trois tonneaux, cuviers ou baquets étagés et munis de bondes à la partie inférieure, de façon à faire un *lessivage méthodique*, le tout conformément à des préceptes qui seront formulés en détail par des instructions et des agents spéciaux.

6° Les *liquides* ainsi recueillis seront *concentrés sur place* par le particulier, jusqu'à ce qu'ils marquent 5 à 6 degrés à l'aréomètre. Ils seront alors recueillis par les agents préposés aux opérations finales, que les particuliers ne peuvent exécuter eux-mêmes.

§ 3. — Marche proposée pour faire la récolte générale des cendres et des matériaux salpêtrés dans tout Paris.

Le Comité n'a pas jugé qu'il fût praticable de faire recueillir directement et dans le domicile de chaque citoyen les cendres et les matériaux salpêtrés bruts par des agents de l'autorité. Le travail ainsi dirigé serait trop long, trop coûteux ; le prix de revient du salpêtre dépasserait probablement toute valeur acceptable.

C'est pourquoi le Comité propose les mesures suivantes :

1° *Inviter*, par des *affiches* et par des *instructions spéciales et détaillées*, la *population de Paris* à procéder dans chaque propriété (les maisons construites depuis cinq ans exceptées) à la récolte des cendres de bois et à celle des matériaux salpêtrés, conformément au paragraphe précédent, puis au lessivage méthodique de ces divers matériaux, et à la concentration des liquides.

Le tout se fera *à jour fixe* dans tout Paris, à titre d'*œuvre patriotique*.

2° Un *agent spécial* par quartier, institué par les mairies, donnera ses *conseils*, pour les opérations ci-dessus, et conformément à des instructions rédigées par les hommes compétents.

Il ira ensuite, à jour fixe, avec des tonneaux, *recueillir dans chaque maison les liquides concentrés* et les remettra aux salpêtriers délégués, chargés des traitements ultérieurs.

3° La *récolte des cendres* devra être continuée par les particuliers, et le dépôt fait dans un endroit sec au rez-de-chaussée.

Chaque semaine, l'agent ci-dessus désigné viendra les recueillir et les livrera aux salpêtriers délégués. Cette récolte est nécessaire, parce que la quantité des cendres mises en œuvre pendant les quelques jours consacrés à la récolte et au lessivage des matériaux bruts serait insuffisante pour tout transformer en nitrate de potasse.

4° Il sera institué pour tout Paris vingt *salpêtriers*, chargés d'extraire le salpêtre des liquides recueillis avec le concours des quatre-vingts agents ci-dessus.

Dans le cas où ces liquides, joints au produit du lessivage des cendres, contiendraient une quantité suffisante de potasse, on préparerait uniquement du nitrate de potasse, suivant les méthodes connues et par les procédés de cristallisation rapide.

Dans le cas où la potasse ferait défaut, par suite d'une récolte insuffisante des cendres, il conviendra d'extraire d'abord tout le nitrate de potasse possible, puis de transformer les nitrates des eaux mères en nitrate de soude, par exemple, en précipitant la magnésie par la chaux, les sels de chaux par le sulfate de soude, en séparant le chlorure de sodium par cristallisation, etc. Le nitrate de soude purifié serait changé directement en poudre par les procédés connus.

Telles sont les méthodes qui nous paraissent les plus convenables pour extraire les salpêtres contenus dans le sol parisien. Un mois suffira, à la rigueur, pour accomplir l'opération, si elle est organisée avec énergie et secondée par le patriotisme des citoyens.

TABLE DES MATIÈRES

LIVRE III

LA GUERRE ET LA PAIX

LIVRE IV

PAGES D'HISTOIRE

TABLE DES GRAVURES

316   TABLE DES GRAVURES.

PRINCIPAUX OUVRAGES CONSULTÉS

Recherches sur les *Feux grégeois* et l'introduction de la poudre à canon en Europe, par M. Ludovic Lalanne.

Du *Feu grégeois* et de l'origine de la poudre à canon, par MM. Favé et Reynaud.

Origine de l'*artillerie*, par M. Lorédan Larchey.

Das Schiesspulver, par MM. Upman et Meyer.

Nouveau traité de *Chimie industrielle*, par M. R. Wagner, professeur à l'Université de Wurzbourg.

Dictionnaire de chimie pure et appliquée, par M. Ad. Würtz, membre de l'Institut. — Paris, Hachette.

Sur la force de la *Poudre* et des matières explosives, par M. Berthelot, professeur au Collége de France.

La Dynamite et la Nitroglycérine, par P. Champion.

Revue Industrielle, dirigée par MM. H. Fontaine et A. Buquet.

La Nature, Revue hebdomadaire des sciences, sous la direction de M. G. Tissandier.

[20 261]. — TYPOGRAPHIE LAHURE

Rue de Fleurus, 9, à Paris,

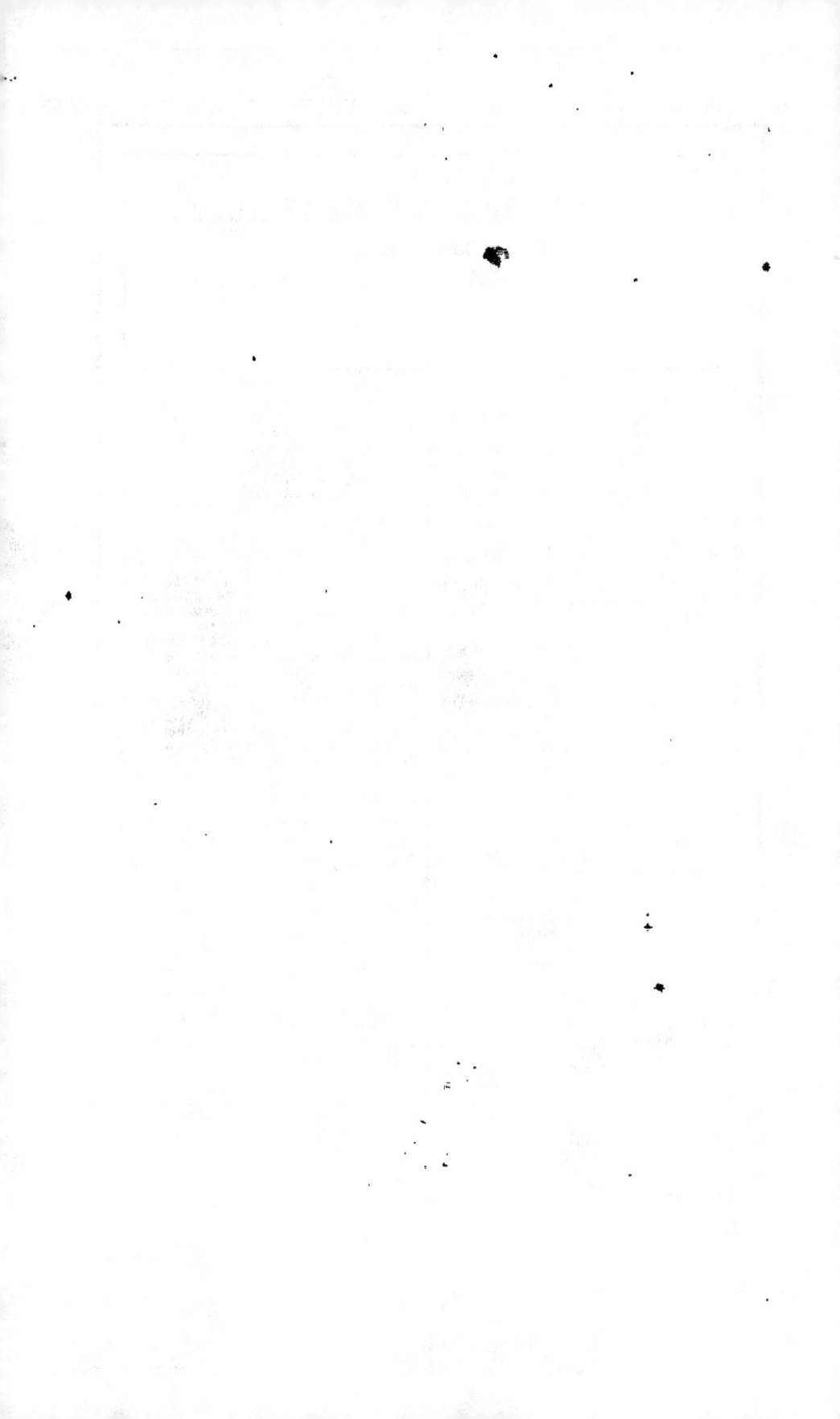

BIBLIOTHÈQUE DES MERVEILLES

À 2 fr. 25 c. le volume in-18 Jésus

La reliure percaline, tranches rouges, se paye en sus 1 fr. 25 c.

www.ingramcontent.com/pod-product-compliance
Lightning Source LLC
Chambersburg PA
CBHW070344200326
41518CB00008BA/1133